中國人民解放軍・空軍

盧小萍 等 編著 著

前言

　　進入二十一世紀以來，隨著中國綜合國力的上升和軍事實力的提高，中國國防政策、軍事戰略以及軍力發展愈來愈成為世界矚目的熱點，海外出版了不少關於中國軍隊的書籍。遺憾的是，由於有些作者缺乏第一手準確資料，他們的著作中或多或少地存在一些值得商榷之處。

　　中國人民解放軍是一支什麼樣性質的軍隊？中國軍隊各軍兵種處於什麼樣的發展階段？中國軍隊的武器裝備達到什麼樣的發展水平？這些問題引起了國際社會高度關注和一些海內外媒體的廣泛熱議。有鑒於此，我們認為編寫一套生動、準確地介紹中國軍隊的叢書，無論對國內讀者還是國外讀者來說，都將是一件極有意義的事情。

　　本書試圖沿著中國軍隊的成長脈絡，關注其歷史、現狀及未來發展，通過大量鮮活事例的細節描述，從多個視角真實地展現人民解放軍的整體面貌。

　　在書籍的策劃和撰寫過程中，為確保權威性和準確性，我們邀請了解放軍有關職能部門、軍事院校、科研機構專家共同參與。與此同時，本書也得到了國防部新聞事務局的大力支持與指導。我們相信，由於上述軍方人士的積極參與，將使書籍增色不少。

由於編者水平有限，在試圖反映中國人民解放軍這一宏大題材的過程中，難免存在一些疏漏和不足之處。在此，歡迎讀者給予批評和指正。

編　者
2012 年 8 月

目錄

導言

一九四九年十月一日，在世界的東方，中華人民共和國宣告成立。新中國誕生於二戰後世界政治格局的大劇變中，也誕生於軍事領域的大變革之中。二戰之後，空中力量牢固地奠定了在戰爭中的重要地位，形成了大發展、大躍升的巨大浪潮，天空成為國際軍事鬥爭的重要戰場。

新生的共和國面臨著陸海空三個空間的安全威脅，從陸戰場走出來的人民解放軍迎來了陸海空立體戰爭的全新考驗。正是在這樣的環境下，中共中央和毛澤東主席果斷決策，組建人民解放軍空軍。在共和國誕生四十天後的十一月十一日，中國人民解放軍空軍宣告正式成立。毛澤東主席給人民空軍題詞：「建立一支強大的人民空軍，保衛祖國，準備戰勝侵略者。」

人民空軍正式成立初期，不僅克服了各種物資匱缺、人員專業知識不足等諸多困難，而且成功地解決了「在陸軍基礎上建設空軍」的大難題，創造了世界空軍建設史上的輝煌業績。在抗美援朝和爾後保衛祖國領空的無數次空戰中，年輕的人民空軍充分發揮了英勇機智、頑強勇敢的作風，克服了「機不如人、技不如人」的困難，取得了令世界震驚的偉大勝利。

從在落後的農業社會基礎上建機械化空軍，到在不發達的工業社會基

礎上建信息化空軍，六十多年來，中國空軍始終堅定地走著一條跨越式發展之路。從買飛機到自行設計研製飛機，中國空軍的裝備在不斷地更新越級。隨著這種提升，中國空軍的戰略職能也將不斷地發生改變。

進入新世紀以來，空軍按照「攻防兼備」的戰略要求，對作戰運用和長遠發展進行了全面系統的規劃，邁開了全面跨越式發展的新步伐。根據戰略轉型需要，人民空軍推動訓練進一步向信息化聚焦，軍事訓練逐漸向基地化、模擬化、網絡化和對抗性發展。戰略思想轉變和訓練思路的變革，推動了人民空軍作戰能力的躍升：航空兵基本具備了一定的中遠程精確打擊能力；地面防空兵部隊具有遠距離攔截、梯次打擊能力和抗大機動目標、抗干擾和抗摧毀能力；雷達兵部隊具有了多目標警戒和多目標引導能力。

六十多年來，人民空軍從駕駛繳獲的破舊飛機起航，已經發展成為由航空兵、地空導彈兵、空降兵、通信兵、雷達兵、電子對抗兵等多兵機種合成的具有信息化條件下攻防兼備作戰能力的現代空中力量。今天，人民空軍已經站在新的歷史起點上。

第一章

執著與勇氣
——中國人民解放軍空軍的初創

一九四九年十月一日，在中華人民共和國開國大典盛大的閱兵式上，不僅有步兵、砲兵等地面方隊，還有戰鬥機、轟炸機、運輸機、教練機等組成的空軍編隊。當機翼上染有鮮紅「八一」軍徽的機群平緩地掠過天安門上

▲ 一九四九年十月一日開國大典上，飛行編隊接受檢閱。

空時，聚集在廣場上的人民群眾沸騰了，他們為新中國擁有自己的空中衛士而激動和自豪。然而他們並不知道，在天空中翱翔的這支年輕的隊伍此時還沒有自己的司令員，也還稱不上是真正的人民解放軍空軍。

此時此刻，有一個人，雖然遠在蘇聯，不能親眼見證開國大典空中編隊的英姿，但他卻時刻記掛著這支初生的隊伍，他就是即將走馬上任的人民空軍第一任司令員——劉亞樓。

▌「初生」──劉亞樓受命組建空軍

一九四九年五月四日，六架國民黨轟炸機飛臨北平上空並對南苑機場實施了轟炸。巨大的爆炸聲震撼了這座千年古都，更震驚了剛剛進城的共產黨領袖的心：如果沒有強大的空軍，即使陸軍再強大，也無法確保國土的安全。要保衛祖國的領空，要解放臺灣、實現統一大業，就必須組建一支自己的人民空軍。

那麼空軍司令員這一重任又該交給誰呢？經過幾番深思熟慮後，毛澤東提出了一個人選──第四野戰軍第十四兵團司令員劉亞樓。

劉亞樓十七歲參加紅軍，在歷次大小戰役中憑著卓越的領導能力和指揮才能立下赫赫戰功；二十五歲當上師長，二十八歲赴蘇聯伏龍芝軍事學院學習；此後還兼任過「東北老航校」的校長。這樣一位集指揮、謀略和行政才能於一身，並精通俄語，又有從事空軍工作經驗的高級將領，可以說是空軍司令員的最佳人選。

七月十一日，中央軍委召見劉亞樓，正式確定由他擔任中國人民解放軍空軍第一任司令員，並責成

▲ 空軍第一任司令員劉亞樓

他提出空軍主要領導幹部人選和機關組成方案。

一九四九年十一月十一日，中央軍委宣佈：中國人民解放軍空軍司令部正式成立。從此，中國人民解放軍的序列中增加了一個新的軍種──人民空軍。

一九五〇年起，在硝煙瀰漫的朝鮮半島上空，年輕的中國人民空軍初生牛犢不怕虎，頑強地同美國空軍進行了驚心動魄的較量，屢屢重創對手。整個世界為之震驚：難道中國僅用一年時間就擁有了一支如此強大的空中力量？

殊不知，具有遠見卓識的中國共產黨人，早在二十多年前就在艱難中邁出了登天的第一步，為人民空軍的創建做了大量的前期準備工作。

▲ 志願軍空軍機群

「種子」──中國共產黨的第一批飛行員和第一架飛機

時光倒流至一九二一年七月，中國共產黨成立。當時正值世界航空工業迅速發展的時期，世界各國都紛紛加快了建設和發展空軍的步伐。年輕的中國共產黨雖然也認識到空中力量在未來戰爭中的重要作用，但卻苦於沒有能力培養自己的航空人才。在當時國共合作的大背景下，將共產黨員送到國民黨開辦的航校裡學習成了培養早期共產黨航空人才的主要方式。

借雞下蛋，培養第一批骨幹

一九二四年九月，孫中山在廣州大沙頭創辦了廣州航空學校，成立僅三年的中國共產黨抓住這個機會，選送了多名共產黨員進航校學習航空技術。他們在國內經過近一年的學習和訓練，掌握基本駕駛技術後，又被送到蘇聯繼續深造。一九二五、一九二六年，先後共有九名共產黨學員遠赴蘇聯學習深造。他們是中國共產黨的第一批飛行員，也是中共中央「借雞下蛋」──在國民黨航校中培養共產黨航空人才的一次嘗試。

▲ 一九二四年創辦的廣東航空學校

▲ 赴蘇聯學習航空的共產黨員常乾坤

一九三七年七月，抗日戰爭全面爆發。在中華民族陷入危難的緊要關頭，共產黨和國民黨決定攜起手來共抗外敵，實現了第二次「國共合作」。在此大背景下，一九三七年底，四十三名從共產黨的部隊和學校裡選調出的學員進入時任新疆督辦盛世才開辦的新疆航空訓練班學習。

共產黨學員能進入國民黨航空學校實屬不易，學習過程也並非一帆風順。

第一堂課是《機械物理學》，對於文化水平本來就不算高的學員們來說，這種課聽起來和天書無異。授課的國民黨教官氣得火冒三丈，怒氣衝衝地說：「這課我沒法上了！像你們這樣的文化程度，還想進航空界？做夢！」說完摔門而出，剩下學員們面面相覷。

大家暗下決心，一定要啃下這些枯燥的書本。從此以後，他們不分白天黑夜、不分課上課下、不分工作休息，抓緊一切時間學習、學習、還是學習！白天，學員們聚精會神地聽講；夜深了，教室裡還燈火通明；熄燈了，打著手電在被窩裡看書；操場上，舉著飛機模型汗流浹背地演練。這種刻苦學習的勁頭，讓教官們都覺得有點吃驚：以往的學員要從外面往教室裡趕，這些學員還得從教室裡往外攆。

就這樣，不到半年的時間，這些原本連最基本的物理公式都不懂的

▲ 新疆航空隊

「土八路」們竟然駕機飛上了藍天！他們先後飛過蘇制烏-2（後改稱
波-2，Po-2）雙翼初教機、埃爾-5（P-5）雙翼偵察機、伊-15（I-15）雙翼
殲擊機和伊-16（I-16）單翼殲擊機，平均飛行時數達到三百多小時。機械
班的學員通過刻苦學習和實習鍛鍊，也熟練掌握了這些飛機的維護技術。

三年後，飛行班二十五名和機械班十八名共產黨學員全部順利完成學
業。中國共產黨有了第一批能夠形成獨立戰鬥力的航空隊伍。中華人民共
和國成立後，當年的這批年輕學員成長為空軍隊伍中的中堅力量。他們中
的許多人在空軍各級部隊中擔任了重要領導工作，繼續為建設人民空軍貢
獻自己的力量。

一架戰機攻下一座城

一九三〇年春，一架國民黨空軍的美製「柯塞」式雙翼偵察機在執行完通信聯絡任務返航途中，由於大霧迷航，油料耗盡，被迫降落在湖北省北部一個小鄉村的河灘上，飛行員龍文光被當地紅軍扣留。

此後，鄂豫皖邊區領導人徐向前多次接見龍文光。龍文光深受感動，最終決定參加紅軍。

很快，龍文光被任命為鄂豫皖邊區軍委航空局局長。這是中國共產黨最早成立的航空領導機關，也是世界上最小的航空機關。航空局只有一名飛行員，就是龍文光。

迫降的飛機經過了修復、油漆，機翼下面還塗上了兩顆鮮紅的五角星。從此，這架飛機有了個新名字，叫作「列寧」號。這也是共產黨擁有的第一架飛機，鄂豫皖邊區專門修建了幾處簡易機場供其起降。此後，「列寧」號曾多次執行空中偵察、散發傳單的任務。

共產黨竟然有了飛機，而且還能飛到自己頭上進行偵察，這在國民黨高層引起了極大的恐慌。

一九三一年十月，在攻打湖北黃安縣城的戰鬥中，為打破久攻不下的僵局，「列寧」號第一次帶彈起飛，對敵方指揮所進行了轟炸。國民黨守

▲ 飛行員龍文光

▲ 紅軍擁有的第一架飛機「列寧號」

軍見指揮部被炸，頓時大亂。守城的國民黨師長棄城而逃，城外的紅軍將士一鼓作氣攻下了黃安城。

　　就這樣，紅軍的第一架戰機攻下了一座城，在共產黨人的航空史上寫下了濃墨重彩的一筆。

▌「搖籃」——東北老航校

　　一九四六年三月一日，東北民主聯軍航空學校在吉林通化正式成立，中國共產黨終於有了自己的航空學校。當時國民黨軍隊正向東北大舉進攻，形勢嚴峻，再加上航材匱乏、人才緊缺，航校的創業者們面臨著重重困難。

　　辦航校，首先要有飛機和航材，否則一切都只能是紙上談兵。於是蒐集飛機和航空器材就成了創業者們的一項重要任務。他們從深山老林裡挖出被日軍掩埋的航材，從荒蕪的機場蒐集起一桶桶航油；在山野追蹤老百姓的馬車，用普通輪胎換回馬車上的飛機輪胎。遼陽、鐵嶺、朝陽鎮、佳

▲ 東北民主聯軍航空學校部分初創人員

▲ 飛行一期甲班學員

木斯、哈爾濱、齊齊哈爾、海拉爾、北安……到處都留下了搜尋小組的足跡。

　　搜尋的過程充滿了艱辛和危險。有的人在搶運器材時被軋斷手腳，成了殘疾；有的遭到國民黨軍隊襲擊，獻出了寶貴的生命；還有的在尋找中誤入日軍遺留的毒菌場，永遠地倒在了廢墟上。

　　從一九四五年十月到一九四六年六月，搜尋小組走遍東北三省三十多個城鎮、五十多個機場，共搜尋到各種飛機一百二十多架、發動機二百餘臺、油料八百多桶、酒精二百多桶、航空儀表二百多箱以及各種機床等軍用設備和物資二千八百多馬車。

　　東北的鐵路交通在日軍投降前後幾乎被破壞殆盡，用鮮血和生命換來

的上千噸散落各地的航材，搜尋小組只能用手拉、用肩扛、用馬拖。沿途的老百姓看到用馬拉飛機，都覺得很希罕，跑出村子追著看。在小火車能夠開通的地段，搜尋小組就把這些「破爛」裝上火車。小火車在平地上跑還可以，但是馬力不足上不了坡，翻山越嶺時還得大家推著火車往前走。

航校副校長常乾坤（1926 年入廣州航空學校第二期，後被派往蘇聯學習飛行）曾站在搜尋到的器材前風趣地說：「人推火車、馬拉飛機，寫到空軍史上也是一大奇觀。」

正是憑著這樣一股信念和不服輸的精神，共產黨人白手起家，在異常艱苦的條件下建立起了第一所航校。

航材有了，飛機拼拼湊湊也有了，學員可以從部隊中選調，可是教官從哪裡找？沒有教官，辦航校就只能是一句空話，而且一個兩個還不行，教什麼的都要有，一門課也不能缺。東北民主聯軍總部決定大膽啟用林彌一郎等日本航空隊戰俘擔任航校教官。

▲ 試驗用酒精代替汽油獲得成功，解決了飛行訓練的急需。

讓日軍戰俘當教官，其困難可想而知。很多學員都曾親眼見過日本人燒殺搶掠，還有的親人就是被日本人殺害的。現在要聽日本教官指揮，還要向他們敬禮，大家心裡都接受不了，牴觸情緒很大。為了解決這一問題，航校領導做了大量工作，反覆教育全校同志要分清日本軍國主義分子和一般日本軍人的界限，要求大家對參加航校建設的日籍航空技術人員，不能當作戰俘看待，而要當作留用人員對待，尊重他們的人格。

心理問題解決了，更多的考驗還在等著這群特殊的師生。有的學員只上過識字補習班，大字都不識幾個，更別提深奧的航空理論了。經常是教官在臺上講得滿頭大汗，可學員在下面卻像聽天書一樣不知所云。教官急，學員們更急。

針對這一情況，航校領導決定改進教學方法。教官帶著學員們參觀飛機，逐個講解各個舵面、翼面的作用，一目了然；用手勢作比喻，用翻轉手掌比作飛機傾斜、轉彎，生動形象。大家還一起動手，把不能用的破飛

▲ 用馬車拉運飛機和航材轉場

▲ 用自行車氣筒給飛機輪胎打氣

機、發動機、儀表都搬到教室裡，教官拿著實物，講一個原理就操作一番。大家這下有了積極性，學習熱情一下子高漲起來。課上學、課下練，學員們經常學習到深夜。幾個月下來，就學會了複雜的航空技術和基本理論。

飛行訓練就要開始了，大家都急切盼望著早日飛上藍天。可是飛行並沒有像大家期待的那樣如期開始，因為僅有的四架初級教練機壞了，又沒有中級教練機，怎麼辦？

能不能直接飛高級教練機？航校的領導和學員提出了自己的想法。日本教官林彌一郎堅決反對：不可能！現在全世界都採取的是三級訓練法。日本教官們覺得這些「土八路」實在太敢想了：這是飛行，是科學，飛得

高，摔得重啊！想一步登天，要是摔下來就全完了！

但是航校領導和學員們堅持直接飛高級教練機。學員吳元任第一個登上日本造的九十九式高教機，當飛機脫離跑道升空時，機場上響起一片歡呼聲。接著第二架、第三架也飛起來了，在空中做著各種動作。飛機落地時，整個機場都沸騰了，大家像迎接凱旋的英雄一樣把吳元任團團圍住，拋向半空中。

「一步登天」對於航校的學員們來說終於不再只是個夢想。

航校缺的不僅僅是飛機，基礎設施也極其匱乏。為了訓練，教官和學員們想盡了辦法。飛機的輪胎和螺旋槳不夠用，就在前一架飛機著陸後，趕緊把螺旋槳和輪胎拆下來裝到後一架飛機上去；沒有加油車，大家就一桶一桶地灌；沒有充氣機，就用自行車打氣筒給飛機輪胎打氣；沒有牽引車，就用馬車牽引飛機。最缺的還是航油，眼看著油料越來越少，卻又找不到別的來源。於是就有人提議用酒精試一試：酒精可以代替汽油開車，為什麼不能開飛機？終於，經過數百次試驗，裝滿九十六度純酒精的飛機第一次飛上了藍天！儘管有了這種替代方法，航油依然很緊張，連廢潤滑油也要回收統一處理。

由於條件有限，學員們一般只飛十幾個小時就可以放單飛，而且放單飛時，也規定只能飛三個起落。有一次，學員李漢一口氣飛了九個起落，直至油料耗盡，把日本教官氣得跺腳大罵。李漢不慌不忙地跳下飛機，立正、敬禮：「報告教官，你舉的是白旗！」

當時由於飛機陳舊，沒有通信聯絡和無線電裝置，飛行指揮全靠旗子，白旗表示起飛。教官知道這個小夥子在扯謊，就故意板起臉來說：「那你為什麼後面的紅旗統統看不見？」但他心裡卻著實為自己學生這種

強烈的求飛慾望而欣慰。

　　從一九四六年三月到一九四九年七月，航校共培養出各種航空技術幹部五百六十名，他們後來大都成為建立和發展共和國航空事業的骨幹力量。人民親切地稱呼這所學校為「東北老航校」。東北老航校是中國共產黨的第一所航空學校，也是人民空軍的搖籃。

　　人民空軍正式成立後，為適應迅速組建大批航空兵部隊的需要，中共中央決定以東北老航校的幹部、學員為骨幹，在蘇聯的幫助下儘快建立一批新的航校。一九四九年八月至十一月，空軍先後創辦了七所航空學校，後被中央軍委正式一次定名為中國人民解放軍第一至第七航空學校。經過四年的艱苦努力，期間三次擴大培訓規模，到一九五三年底，各航校共培養飛行人員近六千名、機務人員二萬四千名，為大批組建航空兵部隊打下了堅實的基礎。

▲ 第一個飛行隊部分人員

▎「起飛」──第一個飛行中隊與第一支航空兵部隊

　　人民空軍創建之初，解放戰爭尚未完全結束，臺灣及一些沿海島嶼被國民黨軍隊占據，國民黨不斷派飛機進入大陸沿海地區和內陸重要城市上空進行轟炸。要地防空成為年輕的中國人民空軍的一項重要任務，南苑飛行中隊和第四混成旅的成立正是空軍在這一方面邁出的具有重要意義的步伐。

開國大典，年輕的空軍部隊創造傳奇

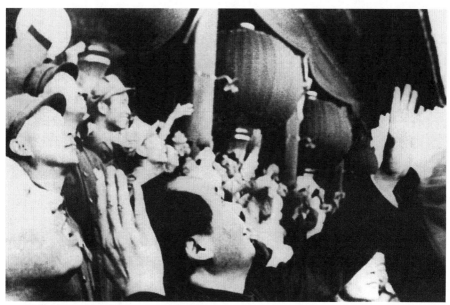

▲ 一九四九年十月一日，毛澤東主席等黨和國家領導人在天安門城樓上向空中機群招手致意。

一九四九年十月一日下午三點，北京天安門。毛澤東莊嚴地向世界宣告：「中華人民共和國中央人民政府已於本日正式成立了！」霎時，掌聲、歡呼聲雷動，整個廣場沸騰了，中國人民從此站立起來了！中國歷史從此翻開了嶄新的一頁。

下午四點，閱兵式開始。受閱部隊從天安門前由東向西行進，接受檢閱。受閱部隊以海軍為前導，步兵方隊、砲兵方隊、戰車方隊、騎兵方隊威武雄壯地依次通過廣場。

隨著坦克編隊出現在人們的視線裡，空中也響起了轟鳴聲，排列成「人」字形的戰鬥機、轟炸機、運輸機、教練機機群，展翅出現在廣場上空。當十七架機翼上染有鮮紅「八一」軍徽的機群平緩地掠過天安門城樓時，毛澤東主席欣慰地笑了。共和國武裝力量的編制裡，終於有了能展翅躍上雲霄的兵種。在場的外國記者驚呼：中共一夜之間有了自己的空軍。

這支飛過天安門的南苑飛行中隊，也是人民空軍的第一支作戰部隊，僅僅成立了一個多月。他們接到參加閱兵式的命令時，離開國大典只剩下不到二百小時。

一九四九年五月四日南苑機場被國民黨飛機轟炸後，中央決定迅速成立一支空中防衛力量，保衛北平的領空安全。於是，十多名飛行員和四十多名地勤人員受命火速赴京，同時被調來的還有十多架作戰飛機，組成了包括二個戰鬥機分隊、一個轟炸機分隊、一個地勤分隊的混合飛行中隊。

八月十五日，人民空軍第一支飛行隊在南苑機場正式成立。從此，南苑機場每天都有四架戰機隨時待命準備升空，北平的上空再也不是不設防的天空。

九月二十二日，中央軍委召開閱兵會議，傳達中央關於開國大典閱兵

▲ 強擊機升空待命

的指示：除地面部隊外，空軍也要出動。此時離開國大典只剩下不到十天時間。

接到任務，此時已擔任軍委航空局局長的常乾坤頗感為難：飛機不僅舊而且雜——有P-51「野馬」式戰鬥機、「蚊」式轟炸機、C-46運輸機，還有幾架老舊的教練機；而且數量也太少，還要留出執行戰備任務的飛機。還有，戰鬥機比別的飛機速度快得多，「呼啦」一下就全飛過去了，又不可能像坦克那樣來些慢動作。效果不好，人民群眾不滿意怎麼辦？

針對該問題，閱兵總指揮部提出一個想法：戰鬥機速度快，飛過後能不能繞一圈再飛一次？常乾坤聽了這一建議，眼睛一下亮了。但是要飛第二次談何容易：五花八門的飛機，各有各的速度，另外高度也是一大難

題，必須精確計算，誰在第一層、誰在第二層，失之毫釐就會謬以千里，天空中來不得半點馬虎。

領隊邢海帆帶著戰友們徹夜研究方案。終於，空軍參加檢閱的計劃圖交到了大會籌委會手中。四種飛機三個高度，通過檢閱現場的時間精確到秒。所有飛機先在通縣雙橋鐵塔尖會合，分出高度，編好隊形，再飛向天安門。九架 P-51「野馬」式戰鬥機飛過之後，繞一個圈再跟上慢騰騰的運輸機，第二次通過天安門廣場。於是在後來的閱兵式上，人們看到的受閱飛機就不是十七架，而是二十六架。激動的人們只顧高興，誰也沒有發現其中的奧妙。

▲ 飛行員們在進行滾輪訓練

▲ 三機編隊在浦東上空巡邏

由於空中方隊同時擔負保衛開國大典、保衛北京安全的作戰值班任務，所以在受閱飛機中，有四架戰鬥機竟然是全副武裝、攜彈飛行。這不僅在解放軍閱兵史上是絕無僅有的一次，而且在世界閱兵史上也無此先例。

四十年後，《當代中國・空軍卷》中「開國大典的空軍」一文中坦率地寫道：開國大典的空中閱兵是個奇蹟，別說當時，就是現在也很難做到。

保衛上海

一九五〇年二月六日清晨，上海市的老百姓剛剛準備開始新的一天，

▲ 擊落美空軍 B-29 型轟炸機的何中道（左）、李永年

忽然城市上空響起尖銳的空襲警報，繼而天空中又傳來飛機的轟鳴聲。不少人跑進了防空洞，還有一些膽大的坐在家裡沒動，心想國民黨飛機都來了二十多次了，這回不一定就能炸到自己頭上。

十七架國民黨轟炸機排成四個方隊，徑直向滬南和閘北飛去，對準上海電力公司、滬南和閘北水電公司俯衝下來，先後投下六十多枚重磅炸彈。地面上一片火海，二千多間房屋倒塌，大批居民死傷，發電量一下子減少了百分之九十七，上海大部分工廠不得不停產。

入夜，大上海一片漆黑，哪裡還有昔日「不夜城」的景象！

從一九四九年十月到次年二月，短短幾個月的時間，國民黨飛機就對上海實施了二十六次空襲。但當時上海駐軍只有為數不多的防空高炮，眼看著來犯的國民黨飛機肆意逞兇卻無能為力。要保證市民們的正常生活，要使黨政軍工作得以正常開展，就必須有一支強大的防空力量，航空兵部隊更是必不可少。

一九五〇年六月十九日，人民空軍的第一支航空兵部隊——「空軍第四混成旅」在南京成立，旨在探索各類航空兵部隊的訓練和作戰指揮經

驗，並為以後部隊擴編和發展創造條件。該旅以航校速成班第一期學員為主，由殲擊、轟炸、強擊航空兵部隊混合編成，轄二個驅逐團（後改稱殲擊團）、一個轟炸團、一個衝擊團（後改稱強擊團），其中有空軍第一個裝備噴氣式驅逐機的戰鬥團。

同年八月，第四旅旅部移駐上海，長期遭受空襲之苦的上海市，終於有了屬於自己的空中衛士。空軍第四混成旅成立不到半年，便於同年十月經歷重組。其中，其所屬的一個驅逐團與新增的一個驅逐團組成「空軍驅逐第四旅」（後改稱空軍第 4 師），北上參加抗美援朝；轟炸團和衝擊團陸續調歸其他部隊建制；另一個驅逐團納編於「空軍驅逐第二旅」（後改稱空軍第 2 師），繼續擔負保衛上海的任務。

一九五二年九月二十日凌晨，華東防空司令部接到前沿雷達站發來的情報：「發現敵機，距離十三公里，方向三百三十度，高度一千五百米。」司令部根據情報迅速作出判斷：這是美軍的一架 B-29 轟炸機，其目的是襲擊上海。B-29 轟炸機是第二次世界大戰後期美國空軍的主力轟炸機，一九四五年人類歷史上首次原子彈轟炸就是由 B-29 執行的。如今，這架載彈量一點二萬磅的轟炸機氣勢洶洶直奔上海而來。華東防空司令部迅速下令，空軍第二師六團派出兩架米格-15 殲擊機前往截擊。

五時五十九分，長機飛行員何中道在上海市以東七十公里處的佘山島附近發現了來襲美機，他急忙呼叫僚機飛行員李永年。B-29 的飛行員或許是沒想到中國飛機敢到這麼遠的距離來攔截自己，或許是認為年輕的中國人民空軍不會有什麼戰鬥力，繼續毫無顧忌地向北飛來。見此情景，何中道果斷下令攻擊。霎時，兩架飛機同時加大油門，向美機撲去。B-29 飛行員似乎吃了一驚，迅速降低高度、猛地一個右轉彎向東加速飛去，還

不時向後開火阻攔。兩架米格-15在後面緊緊咬住不放。

但他們畢竟缺乏實戰經驗，何中道的飛機速度太快，還沒等瞄準就超過了美機，而李永年發射的砲彈也沒有瞄準，一擊不中，他立即再向左作三百六十度轉向改平後，又從美機左後方進入，再次發起攻擊。沒想到炮鏈突然斷了，砲彈沒有發出去。與此同時，何中道也從右後方咬住了美機，瞄準後猛地開炮，從距離七百米打到一百米，然後從美機後上方脫離。只見美機中部冒出了黑煙，開始下墜，但它並沒有就此束手就擒，而是拚命地用機槍向尾部的兩架飛機掃射。何中道機翼被擊中，但來犯的B-29也最終墜入大海。何中道和李永年安全返航。

擊落美國入侵上海地區的B-29轟炸機，是人民空軍執行防空作戰任務以來取得的首次戰果。此後，敵機對上海地區的入侵騷擾大為減少，上海地區的空中安全已有保障。

▌「成長」──人民空軍初試身手

中華人民共和國成立時，西藏等地區還沒有獲得解放，同時在華東、中南、西南和西北地區還有大量的殘匪和國民黨武裝特務。為實現祖國的統一和社會的安定，人民空軍配合陸軍進行了入藏的空運空投和剿匪任務。

飛越「世界屋脊」

到一九四九年底，全國大陸只有西藏地區和西康省（該省於 1955 年撤銷，併入四川等省）的部分地區沒有解放。為完成國家統一，一九五〇年一月，中共中央決定進軍西藏。當時西藏經濟非常落後，交通困難，一切軍需物品特別是糧食都要靠部隊自己攜帶，根本無法滿足作戰需要。三月，負責執行進藏任務的部隊領導向中央軍委請求空投支援。

進軍西藏是一場特殊的戰鬥。康藏高原位於中國西南部，海拔平均在四千米以上，氣候變化無常，高山終年積雪，雲霧瀰漫，素有

▲ 一九五六年三月，空軍開始試航北京至拉薩航線，五月底試航成功。

「世界屋脊」之稱。要在這裡開闢航線執行空投任務，可謂困難重重：一是當時的運輸機高空性能差，缺乏適應高原飛行的必要設備；二是飛行機組沒有高原飛行和空投的經驗；三是沒有康藏地區可靠的氣象資料和準確的航行地圖，航行區域沒有完備的導航設施和可供備降、迫降的機場，飛機一旦出現大的故障，很可能造成機毀人亡。

空軍運輸部隊經過反覆研究論證，決定隨著陸軍地面部隊的推進，採取逐段試航、逐步延伸航線、分段前進的方式完成空投任務。

一九五〇年四月，一架 C-47 運輸機進行首次試航。由於山高、雲厚，飛機爬高困難，中途被迫返航。第二次、第三次試航都因為天氣惡劣，C-47 高度上不去而連遭失敗。後來改用 C-46，並裝上氧氣設備，又

▲ 一九五一年十一月二十日，中國第一個高原機場-甘孜機場竣工。

經過了兩次試航，才最終完成從四川新津到康定一百八十公里的航程，成功實現了糧食和其他補給品的空投。

這是人民空軍歷史上的第一次空中運輸支援。這次試航、空投的成功，不僅解決了陸軍部隊的補給問題，也為繼續延伸高原航線開闢了途徑。隨著陸軍部隊繼續向西挺進，空投部隊也進一步將航線延伸到甘孜、鄧柯、巴塘、太昭等地。期間，還在甘孜修建了共和國成立後的第一座高原機場，並逐步完善了起降機場和空投區的保障設施，改善了空投區的航行條件。

從一九五〇年四月到一九五二年十一月，空軍在康藏高原共開闢航線二十五條，出動飛機一千多架次，向康定、甘孜、太昭等地陸軍部隊空投各種物資二百餘萬公斤。空軍支援陸軍進軍西藏的實踐，為日後在西藏高原修建機場、通航拉薩以及發展西藏的航空事業提供了寶貴的經驗。

配合陸軍剿匪

中華人民共和國成立後，在一些新解放區內，土匪活動還相當猖獗，為穩定社會秩序、鞏固新生政權，中國人民解放軍進行了歷時四年的剿匪鬥爭。一九五二年七月至一九五三年七月，人民空軍奉命配合陸軍行動，參加了川西黑水和甘南地區的剿匪行動。

四川黑水地區位於川西黑水河中上游，是藏、羌等少數民族聚居之地。這一地區地勢險峻、山高林密，以國民黨特務為首的大約三千餘人的土匪集團盤踞於此。剿匪戰鬥打響後，考慮到這一地區的特殊地理狀況，以及臺灣國民黨當局有可能派飛機空投武裝人員和物資，中央軍委決定由空軍派出轟炸機和殲擊機部隊配合地面剿匪部隊作戰，同時再派出一支運

▲ 空投物資

輸機部隊負責空投糧食和作戰物資。

七月二十日，剿匪部隊發起進攻。空軍在這次戰鬥中承擔的任務是實施空中偵察、轟炸，配合陸軍殲滅敵人；空投傳單；攔截可能會從臺灣來的國民黨飛機；對地面部隊急需的糧食彈藥等實施空投補給。

在一個月的作戰行動中，空軍出動轟炸機、殲擊機十七架次，對土匪密集地區實施多次轟炸、掃射，共投彈七十二枚，發射槍砲彈一千三百餘發；出動運輸機二三七架次，為剿匪部隊空投糧食和其他物資近五十萬公斤。

這次清剿土匪，是人民空軍第一次在山岳叢林地帶配合陸軍實施作戰

行動，在打擊土匪士氣、空投物資補給等方面起到了一定作用。但由於該地區地形複雜，而且土匪在遭到打擊後化整為零、四散而逃，空軍也難以發揮更大的作用。

一九五二年十二月，剿滅甘肅、青海、四川三省交界處殘匪的戰鬥正式打響。空軍配合執行甘南剿匪的任務主要有兩項：一是空投傳單展開心理攻勢，二是空投物資進行後勤支援。

這次支援甘南剿匪的空投地區屬於高原山區，海拔在四千米左右，有些地方是草原沼澤地帶，無明顯地標，而且進剿部隊流動性大，空投場不固定。針對這些情況，空軍採取了在空投區設立固定與流動相結合的氣象臺站、派出隨進剿部隊行動的目標引導組等措施，隨著地面部隊的推進，

▲ 交流飛行經驗

邊試航邊空投，加上飛行機組高原空投經驗較為豐富，各種物資空投的命中率達到了百分之九十九點五，保證了進剿部隊能夠及時通過空投得到補給。自一九五二年十二月至一九五三年七月，空軍共出動運輸機一六九架次，空投糧食、彈藥等三十餘萬公斤。

第二章
在朝鮮半島的上空

一九五〇年六月二十五日，朝鮮戰爭爆發。以美國為首的「聯合國軍」參戰，並一直把戰火燒到中朝界河鴨綠江邊。十月十九日，中國人民志願軍跨過鴨綠江，開赴朝鮮戰場。十二月，年輕的中國人民空軍開始投入戰鬥。

▲ 一九五〇年十月，應朝鮮政府請求，中共中央毅然作出「抗美援朝」的重大戰略決策。同時，決定組建中國人民志願軍空軍準備入朝作戰。

自一九五〇年十二月至一九五三年七月的朝鮮戰爭中，志願軍空軍勝利完成了空戰鍛鍊、掩護交通運輸、保衛重要目標和間接或直接配合地面部隊作戰的任務。航空兵部隊戰鬥起飛二四五七批二六四九一架次，其中實戰三六六批四八七二架次，擊落美機三百三十架，擊傷九十五架。但這些戰績的取得並非輕而易舉，一百一十六名志願軍空勤人員為此獻出了自己的生命。

　　在朝鮮戰爭期間，中國人民空軍在戰鬥中逐漸成長為一支裝備殲擊、轟炸、強擊、運輸等多機種的空中力量，擁有各種飛機三千餘架。戰鬥力從小到大，空戰戰術從無到有，並總結出一系列有關空中力量運用的寶貴經驗。

積極準備，沉著應戰

當時，美軍在朝鮮戰場上投入了大量的空中力量。到一九五〇年十月底，連同海軍艦載機在內，共投入十四個聯（大）隊，其中有二個戰鬥截擊機聯隊、三個戰鬥轟炸機聯隊、二個輕型轟炸機聯隊、三個重型轟炸機聯隊、一個海軍陸戰隊航空兵聯隊、三個艦載機大隊，共有各型作戰飛機一千一百餘架。其飛行員大都參加過第二次世界大戰，飛行時間多超過了一千小時。此外，英國、澳大利亞、南非聯邦也向朝鮮戰場投入了少量空中兵力，加上南朝鮮的空中兵力，共有飛機一百餘架。而當時中國人民解放軍空軍僅有新組建的二個殲擊航空兵師、一個轟炸機團、一個強擊機團，共有各型飛機不到二百架。

鑒於美國遠東空軍的優勢，在正式出兵之前，毛澤東就曾多次向斯大林表示希望蘇聯能為志願軍赴朝作戰提供空中支援。為此周恩來專程前往莫斯科，與斯大林進行了多輪談判，但斯大林僅同意向中國有償提供一百架米格戰機，關於出動空軍的問題，他始終表示「蘇聯空軍還沒有做好準備」。

入朝作戰的志願軍地面部隊由於沒有空軍配合掩護，在美軍海陸空立體作戰的攻勢下，付出了極大的代價。美軍緊緊抓住其具有制空權的優勢，不分晝夜地對志願軍前線、後方實施狂轟濫炸，給志願軍行軍作戰和其他軍事活動造成了極大危害。跨出國門時，志願軍共有汽車一千三百餘臺，僅僅二十天就被美軍飛機毀掉六百餘臺，後勤部隊和給養運輸更是天天遭受慘烈的空襲。

▲ 手持「捐獻飛機抗美援朝」標語的遊行隊伍

　　打破美軍在朝鮮半島「一手遮天」的現狀，派遣志願軍空軍入朝作戰迫在眉睫。但是面對強大的敵人，應該採取什麼作戰方針、如何使用兵力、怎樣解決裝備落後的問題、以什麼方式和步驟參戰，這是首先必須處理好的重大問題，也是一直困擾著空軍司令員劉亞樓和其他空軍領導人的難題。

　　經過反覆研究論證，人民空軍領導認為，朝鮮戰爭形勢嚴峻，美國空軍掌握著制空權，對中、朝軍隊的戰鬥極為不利。在這種情況下，人民空軍不能等訓練好了再打，只能邊打邊練、邊打邊建，從戰爭中學習戰爭，在戰鬥中鍛鍊成長。即逐漸將陸續訓練出來的部隊力量積蓄起來，在達到一定數量（能出動 100 至 150 架飛機）時，選擇適當時機機動使用，給敵

▲ 搶修飛機

人造成最大殺傷，給地面作戰行動以直接有效的支援。

　　為了爭取在短期內達到參戰水平，空軍司令部要求各部隊進行戰前突擊訓練，在兩個半月內完成準備。各部隊為了早日參戰，投入了緊張的訓練，飛行員在每個飛行日一般飛行二至三小時。與此同時，各有關部門抓緊機務人員的技術學習和戰鬥演練，提高了外場維護、修理及戰鬥保障能力。蘇聯有償提供的米格-15噴氣式殲擊機裝備到了部隊，大家卻對這來之不易的戰機犯了愁：有了米格機卻沒有配套的教練機，怎麼辦？時間不等人，中國飛行員們作出了一個大膽的決定：直接上米格機！這在世界航空史上不可不算作是一個奇蹟。

作戰方針確定了，人員正在加緊訓練，先進的戰機也裝備到了部隊，空軍入朝作戰的準備工作在緊張有序地展開。這時，一個新的難題又擺在大家面前：蘇聯提供的一百架戰機都沒有副油箱，而且連造副油箱的圖紙和鋁板也沒有。瀋陽北陵飛機廠臨危受命，要在三個月內造出三千個副油箱來。沒有圖紙，技術人員就想方設法弄到了一個蘇聯飛機上的副油箱，大卸八塊後又量又畫，繪出了實物圖。沒有鋁板，就用白鐵皮代替，鉚上鉚釘，再用錫一點點將那些有縫的地方焊死，然後進行了裝油、耐壓和振動試驗，結果全部合格。三個月後，三千多個用白鐵皮製成的副油箱送到了空軍部隊。

　　就這樣，「娃娃空軍」駕駛著才飛過十幾個小時的噴氣式戰機，掛著自己打造的「土」副油箱飛向硝煙瀰漫的朝鮮戰場上空。這支從沒有過空中作戰經驗的隊伍即將面對世界上最強大的空軍。

▲　一九五〇年十二月二十一日，首批參戰的十名飛行員進駐安東浪頭機場。

▍打破神話

為取得戰鬥經驗，揭開空戰之「謎」，志願軍空軍決定首先以大隊為單位，進駐安東（今丹東）前沿機場進行實戰練習。

一九五一年一月二十一日，年輕的人民空軍迎來了與強大的美國空軍的首次空戰。這天上午，美國遠東空軍出動二十架 F-84 戰鬥轟炸機，分數批沿平壤至新義州一線飛來，企圖轟炸鐵路和清川江大橋。隨著戰鬥警報響起，大隊長李漢率六架戰機緊急起飛迎擊。接近安州時，他們發現美軍 F-84 正在一千米的高度上對清川江大橋進行俯衝轟炸。六架米格-15 戰鬥機在李漢的命令下拋掉副油箱，對 F-84 發起攻擊。F-84 機群沒有想到在朝鮮戰場上空會遇到對手，它們急忙丟掉炸彈，憑著熟練的技術迅速搶占高度準備反擊。

李漢和戰友們都沒有經歷過空中實戰，他們的作戰經驗全都是在陸地戰場上得來的，一見美機，就像在肉搏戰中看見了站在面前的敵人。李漢把機頭一拉，迎頭一沖，美機編隊被沖得亂了套。但這樣一來，自己的編隊也被衝亂了，飛行員們各自為戰，拿出當年在陸地戰場上同敵人拼刺刀的架式纏鬥起來。

F-84 的飛行員從沒見過這種戰術，有的從米格機頭一躍而過，有的與米格機擦翼而過。李漢趁機迂迴到四架美機左側四百米處，瞄準美編隊長機開炮射擊，將其擊傷。

就這樣，一個古老國家的年輕空軍和一個年輕國家的老牌空軍，在噴氣機對噴氣機的新時代，在三千米高空的戰場上，進行了第一次交手。這

也是中國人民空軍的第一次空戰，當時中國飛行員的平均飛行時間只有二百多小時，在噴氣式戰鬥機上的飛行時間僅有十五個小時左右，能取得擊傷一架美機的戰績，不能不說是一次具有歷史意義的戰鬥。人民空軍的空戰史，就這樣翻開了第一頁。

但擊傷美機的大隊長李漢卻沒有歡欣鼓舞，他覺得自己只注意了個人攻擊，而忽略了空中指揮。他和戰友都希望能在新的戰鬥中取得更大的戰績。

一月二十九日，該大隊再次出擊。下午一時，志願軍空軍前方雷達站發現有一批美機在定州、安州上空五千米高度盤旋活動，判斷其試圖襲擊安州火車站和清川江大橋。大隊長李漢率八架飛機迅速趕往戰區。

一時四十分，他們在定州以西發現了美機。這次李漢沒有貿然沖上去攻擊，而是利用陽光隱蔽，迅速迂迴到美機後方，占據高度優勢。他通過觀察發現，共有十六架 F-84，分為上下兩層，每層八架，都是四架在前、四架在後，正在尋找對地面攻擊的目標。

李漢決定趁其不

▲ 第一個擊落美機的志願軍空軍飛行員李漢

備，先攻擊上層的八架飛機，打它個措手不及。當美機活動到李漢機群右下方時，他果斷命令二中隊掩護，自己率領一中隊右轉下降，向飛在上層的八架美機猛衝過去。美機見勢慌忙扔掉副油箱，向上躍升，分成兩個四機向左右轉彎擺脫。李漢緊跟著左轉的四架美機作了一個急轉彎，順勢咬住其中一架，逼近至四百米時按動炮鈕，三炮齊射。美機一陣劇烈顫動，拖出長長的黑煙，「轟」的一聲巨響，凌空爆炸。

位於下層的八架美機企圖反撲，擔負掩護任務的二中隊及時趕上，以猛烈的炮火將其驅散。美機四散而逃，李漢率隊追擊，又擊傷一架美機。

此次戰鬥開創了志願軍空軍首次擊落美機的歷史紀錄，李漢和戰友們用事實打破了美國空軍不可戰勝的神話。

▌「英雄的王海大隊」

一九五一年六月，朝鮮戰場上的雙方進入戰略相持階段，地面戰線穩定在「三八線」附近。美國一方面同中、朝進行談判，一方面又準備發動新的攻勢，企圖通過取得戰場上的優勢向中、朝施加軍事壓力，在談判中占據有利地位。

八月十八日，隨著美軍「夏季攻勢」的展開，空軍也制定了以切斷朝鮮北部交通線為目標的「絞殺戰」計劃，企圖切斷中朝地面部隊的作戰行

▲ 王海（右一）在匯報空戰情況

▲ 王海在抗美援朝作戰中，共擊落擊傷敵機九架，榮獲一級
戰鬥英雄榮譽稱號、立特等功。

動和後勤供應之間的聯繫，摧毀志願軍的後方戰略目標，削弱中朝軍隊的戰鬥力，進而達到迫使中朝方面接受其停戰條件的目的。

為此，參戰的美國空軍兵力增至十九個聯隊，作戰飛機也達到一千四百餘架。每天出動二至三次，每次組織五十至八十架次的大機群，對轟炸目標實施集中攻擊。這給志願軍地面部隊的作戰行動和後勤支援造成了嚴重困難。打破美空中封鎖，粉碎美軍「絞殺戰」計劃，成為志願軍空軍的首要任務。

但是，無論從飛機數量還是從參戰人員素質上看，志願軍空軍都處於劣勢。根據這種情況，從一九五一年九月起，志願軍空軍採取輪番進入、由少到多，以老帶新、老新結合，先打弱敵、後打強敵的辦法，以師為單

位陸續參戰，與美空軍展開了反空中封鎖的大規模空戰。

十一月十八日下午二時，前方報告在朝鮮北部永柔地區和清川江一帶上空發現九批共一百八十四架美機，正在對鐵路線進行轟炸。志願軍空軍某團十六架米格-15 戰機奉命升空迎擊，在肅川上空與美空軍二十餘架 F-84 戰鬥轟炸機相遇。一大隊長王海趁美軍不備，率領編隊從八千米高空俯衝下來，一舉衝亂了美機隊形。

美軍 F-84 機群突然被沖散，顯得有些慌亂，但他們畢竟訓練有素，實戰經驗豐富，很快就重新進行編隊，準備迎戰。王海看著對手的飛機首尾相連，排成了一個大圓圈。他心裡明白，這是美軍擺的「羅圈陣」，一旦自己攻擊圓圈中的任意一架飛機，後面一架馬上就會跟上來，為這架飛

▲ 英雄的「王海大隊」

機進行掩護。眼見美機一圈套一圈逐漸擺脫困境，這樣下去肯定不行，王海決定要利用米格戰機垂直機動性好的優勢，打破「羅圈陣」。

六架米格-15 在大隊長王海的命令下，一起躍上高空，然後又猛地掉頭俯衝下來，再拉上去，再衝下來……幾個回合之後，F-84 的編隊被沖散了，美機四散開來，「羅圈陣」終於被砸開了。

王海趁機咬住一架美機，瞄準、開火，美機翻滾著掉了下去。戰友們也抓住有利戰機，連續猛攻。米格-15 和 F-84 在高空展開激戰，煙火瀰漫，砲彈、金屬片在機群中飛迸。在這場空戰中，一大隊面對數量十倍於己的美軍，打了一個五比零，自己沒有任何傷亡。

就這樣，王海率領的一大隊在戰鬥中鍛鍊成長，他們作戰英勇、機動靈活，先後參加空戰八十多次，共擊落擊傷美機二十九架，人人都榮立戰功，並榮立集體一等功，被譽為「英雄的王海大隊」。

轟炸大、小和島

大、小和島位於鴨綠江口外的朝鮮西海面，島上駐紮著美國和南朝鮮海陸空情報機關人員一千二百餘人，部署有雷達、對空情報臺和監聽設施，專門負責收集軍事情報，引導美空軍作戰飛機對志願軍地面目標實施攻擊。這是美軍和南朝鮮軍一個重要的前哨陣地，對志願軍的地面和空中軍事活動構成了嚴重威脅。為了拔除這顆「釘子」，一九五一年十月，志願軍總部決定由空軍配合陸軍行動，攻占大、小和島。

十一月二日，志願軍空軍的偵察機對大、小和島進行了兩次照相偵察，為地面部隊登陸作戰提供了可靠情報。十一月六日，九架圖-2 轟炸機在拉-11 和米格-15 殲擊機的掩護下，對大、小和島實施了轟炸。這是志願軍空軍的轟炸機部隊第一次執行戰鬥任務，轟炸的命中率達百分之九十，達到了預期目的。

十一月三十日，攻占大、小和島的戰鬥正式打響了。九架圖-2 轟炸機在十六架拉-11 殲擊機的掩護下起飛執行轟炸任務，由於混合編隊比規定時間提前了五分鐘到達指定空域，而擔負掩護任務的米格-15 並不知道其中的變故，仍按原計劃起飛。結果，正是這提前的五分鐘使混合編隊失去了噴氣式戰鬥機的掩護。

當混合機群通過鴨綠江大橋右轉至轟炸航線時，突然遭到三十多架美軍 F-86 戰鬥機的襲擊。

一方是三十多架當時最先進的 F-86 噴氣式戰鬥機，另一方是二十多架第二次世界大戰時期的活塞式螺旋槳飛機。這是一場強弱懸殊的較量。

擔任掩護任務的拉-11 奮力迎戰，一面以自己的炮火吸引 F-86 的注意，一面橫殺豎擋，以機翼形成屏障，保護圖-2 轟炸機的安全。在拉-11 的掩護下，轟炸機群一面猛烈還擊，一面緊縮隊形，頑強地向大和島空域前進。

轟炸機一中隊右僚機遭到三架 F-86 的圍攻，腹背受敵。該機尾部遭到重擊，領航員、通訊員、射擊手相繼犧牲，座艙蓋也被擊穿，但即使在

▲ 參加轟炸大、小和島的機組人員

這樣的情況下，飛行員畢武斌依然駕駛飛機頑強地向目標區前進。但這時飛機上的高壓油管突然爆裂，燃油像泉水一樣湧出，火苗瞬時蔓延到整個機身。畢武斌放棄了跳傘求生的機會，繼續駕駛熊熊燃燒著的飛機向大和島方向挺進。在接近目標上空時，終因飛機負傷過重，墜入大海。至此，畢武斌機組成員全部壯烈犧牲。

▲ 王天保在護航中用拉-11 型活塞式戰鬥機擊落敵 F-86 型噴氣式戰鬥機一架、擊傷三架

在這場慘烈的戰鬥中，轟炸機編隊三中隊的左右僚機先後被擊落；二中隊右僚機兩臺發動機被擊中起火，飛機失控後墜海；剩餘的轟炸機也幾乎全部受了傷，有的飛機操縱舵面被子彈打出了大洞，有的發動機、機艙中彈，傷痕累累。儘管這樣，機群仍然保持密集的編隊，組織好火力網進行還擊、互相支援。

在這次戰鬥中，轟炸機大隊長高月明率領的轟炸機群和王天保等駕駛的拉-11 殲擊機共擊落擊傷美空軍 F-86 戰機八架，創造了空戰史上用活塞式殲擊機擊落擊傷噴氣式殲擊機、用活塞式轟炸機擊落 F-86 噴氣式戰鬥機的兩個奇蹟。在擊退五十多次阻擊後，機群終於到達大和島上空，按原定計劃實施了轟炸。這是志願軍空軍偵察機、殲擊機和轟炸機部隊聯合配合地面部隊作戰的第一次行動。當晚，在志願軍空軍聯合機群的配合下，

▲ 開創以活塞式轟炸機擊落噴氣式戰鬥機範例的飛行員劉紹基

地面部隊一舉攻占了大、小和島，徹底摧毀了美國和南朝鮮情報部隊的前沿據點。

▍創新戰術、克敵制勝

　　參加朝鮮戰爭的絕大部分志願軍空軍部隊都是初次參戰，在戰爭初期並沒有特定的戰術原則，為了粉碎美空軍「絞殺戰」的計劃，他們堅持「穩當」用兵的作戰指導方針，從戰爭中學習戰爭。一九五一年九月至十一月間，志願軍空軍與美空軍 F-86、F-84 的混合機群進行了幾次大規模作戰。隨著空戰規模的擴大和美空軍戰術的改變，志願軍空軍司令部和各部隊普遍掀起了研究新戰術的熱潮。

　　空軍司令員劉亞樓和志願軍空軍司令員劉震也多次探討空戰戰術問題，兩人一致認為應該採取多批次小編隊，分梯次進入戰區，集中兵力於

▲ 空軍劉亞樓司令員總結和講述「一域多層四四制」的空戰戰術原則

一個空域，併力求保持四機或雙機協同作戰。這樣，在空戰中就比較靈活，也容易奪取主動權。劉亞樓親自草擬了「一區兩層四四制」空戰戰術原則，後來經過實戰檢驗，又將「一區」改為「一域」，「兩層」改為「多層」，正式命名為「一域多層四四制」空戰戰術原則。

其基本含義是：同批同梯隊出戰的機群，以四機為單位，按不同間隔、距離、高度採取層次配備（最少兩層），構成小編隊、大縱深的隊形，按照統一的作戰意圖，以長機為核心，在目視聯繫和戰術聯繫的範圍內，保持一域，相互協同作戰。「一域」是該戰術原則的核心。在空戰中，必須把力量集中起來，才有可能取得勝利。「四四制」的基礎，是要有團隊精神，實行雙機攻擊、雙機掩護。雙機本身可以互變，雙機與雙機

▲ 擊落美軍王牌飛行員戴維斯的志願軍飛行員張積慧

▲ 戴維斯的照片、證件、手槍及飛機殘骸.

之間也可以互變,相互輪番掩護攻擊,是對陸軍「集中優勢兵力,實行各個突破」戰術原則的繼承和發展。在當時的技術裝備條件下,這一原則比較好地體現了在空戰中爭取兵力優勢和戰術優勢的思想,有助於適應和發揮噴氣式飛機高速機動的特性。實踐證明,這是克敵制勝的有效戰法。其中一個較具代表性的戰例就是張積慧、單志玉長僚機密切配合,擊落美空軍王牌飛行員戴維斯少校。

一九五二年二月十日,二批十六架 F-84、F-80 戰鬥轟炸機在十八架 F-86 戰鬥機的掩護下,對軍隅裡附近的鐵路線進行轟炸。志願軍空軍起飛三十四架米格-15,分為攻擊和掩護兩個編隊疾速趕往戰區。在飛行中,大隊長張積慧發現遠方海面上空有道道白煙,便立刻報告帶隊長機。在接到攻擊命令後,張積慧和僚機單志玉迅速爬升占據高位,準備攻擊。但當他們搶占到高度優勢時,卻丟失了目標,自己又脫離了編隊。這時突然有八架美機從後方的雲層間隙中直竄下來,為首的二架已經猛撲到他們飛機尾後,很快就要到達開炮距離。張積慧一邊提醒單志玉保持編隊,一

邊猛地做了一個右轉上升的動作。正準備開炮的美機撲了個空，衝到了前面，張積慧、單志玉趁機順勢咬住了其中的長機。美機見勢不妙，先是急俯衝，然後又向太陽方向作劇烈垂直上升，繼而又轉入俯衝，但始終也未能擺脫在後面緊追不放的兩架米格飛機。隨著張積慧的三炮齊發，這架F-86 和它的飛行員一起墜落在山坡上。一分鐘之後，另一架美機也在張積慧、單志玉雙機的密切配合下被擊落。

令所有人都沒有想到的是，在這次空戰中被擊落的美長機竟然就是有著三千多小時飛行經歷、在第二次世界大戰中曾參加過二百六十六次戰鬥飛行的「空中英雄」喬治·阿·戴維斯少校。而當時張積慧的飛行時數僅僅只有一百餘小時。

▌跨越太平洋的握手

　　一九八四年七月的一天，美國華盛頓五角大樓的廣場上，升起了中華人民共和國的國旗，這是有中國貴賓來訪的標誌。不一會兒，掛著中美兩國國旗的車隊駛了過來，在五角大樓官員和空軍將軍們的掌聲中，以國防部長張愛萍將軍為團長的中國軍事代表團成員們依次走下車來，同他們一一握手。當中方介紹到中國空軍副司令員王海將軍時，有一位佩戴著美國空軍上將軍銜的人激動地走了過來，一下握住王海將軍的手說：「我們是老朋友了，在朝鮮戰場上就打過交道！」這位美國人就是空軍參謀長查理‧加布里埃爾上將。

　　三十年前，在朝鮮戰場上空，加布里埃爾和王海是空中對手，為了各自的國家利益和軍隊榮譽，他們奮勇當

▲ 韓德彩在抗美援朝作戰中，共擊落美機五架，榮獲二級戰鬥英雄榮譽稱號。

先，決不手軟。在朝鮮戰爭上空的硝煙散去三十多年後，這兩位昔日的空中對手再次碰面，王海和加布里埃爾都已經從當年血氣方剛的年輕飛行員成長為各自空軍的高級將領。

無獨有偶，一九九七年在上海，相似的一幕再次上演。只不過這次的主角換成了時任南京軍區空軍副司令員的韓德彩與他當年的「老對手」——美國王牌飛行員費希爾。故事還要從四十四年前講起：

一九五三年四月七日下午，韓德彩所在團的十二架米格-15 飛機在與美空軍 F-86 機群空戰後返航，韓德彩和他的長機在掩護戰友們安全著陸後，也準備著陸。當下滑至高度一千米時，韓德彩突然接到地面指揮員「拉起來」的命令，他當即拉起機頭並稍壓坡度，向四周搜索，發現有一架美機咬住了右前方正在下滑準備著陸的長機。韓德彩連忙報警，但長機已經來不及躲避，被擊傷。此時美機仍舊咬住不放，韓德彩為援救戰友，不顧自己飛機的油量警告燈已經亮起，果斷加大油門，迅速推桿，下滑增速，猛地衝向美機。美機見勢不妙，立刻丟開長機慌忙逃竄，受傷的長機脫離了威脅，得以安全降落在機場上。

這時，韓德彩保持居高臨下的態勢，緊追不放。當逼近至大約三百米時，他按動炮鈕將這架美機擊落。飛行員跳傘後跌落在距離機場不遠的一個山坡上，被當地高炮部隊活捉。他就是美國空軍「第一流的噴氣式空中英雄」、「雙料王牌飛行員」哈羅德・愛德華・費希爾上尉。

在美國空軍裡，擊落五架飛機的飛行員被稱為「王牌駕駛員」，而此前已經擊落了十餘架飛機的費希爾可以說是當之無愧的「雙料王牌駕駛員」。當時，正是由費希爾這樣技術高超的美軍飛行員組成的「獵航組」，利用戰區多山的地形，經常駕機潛伏到中國境內的志願軍機場附近，專門

偷襲正在起飛或降落中的志願軍飛機。

　　費希爾被俘後很不服氣，一再要求見見他的對手。但當韓德彩站在面前時，他卻無論如何都無法相信擊落自己的就是面前這個稚氣未脫的小夥子。翻譯告訴費希爾，這個小夥子剛滿二十歲，在戰鬥機上的飛行時數總共還不到一百小時。這讓僅在朝鮮戰場上就出動過一七五架次的費希爾目瞪口呆，許久說不出話來。

　　一九九七年，當韓德彩和費希爾的雙手握在一起時，這兩位近半個世紀前的老對手都顯得有些激動。一九九八年夏天，費希爾再次來到中國，這次兩人除了敘舊外，還建立了一個「韓德彩-費希爾基金會」。基金會的章程中寫道：

　　為增進中美人民之間長久的友誼，促進世界各國各地老兵組織及航空人員之間

▲ 費希爾坐進當年韓德彩打下他的那架飛機

的友好關係，交流對全人類發展有益的事業和信息，使國與國之間加強信任、理解與合作，同時為社會公益活動提供資金、技術及科研開發，幫助青少年一代了解、熱愛航空事業的歷史，掌握航空知識，喚起他們對歷史的責任感而創立基金會。

第三章

打造「國土防空」型空中力量

中華人民共和國創建之初，解放戰爭尚未完全結束，臺灣及一些沿海島嶼被國民黨軍隊占據，蔣介石命令國民黨空軍不斷襲擊大陸沿海重要城市，企圖破壞新中國的建設。一九五二年後，美國不斷加強與在臺灣的蔣介石勾結，派遣情報機構和軍事顧問人員，控制和策動國民黨空軍頻繁地竄擾中國大陸，並侵入大陸縱深地區進行戰略偵察，使海峽兩岸長期處於緊張的軍事對峙狀態，空中交戰成為對抗的主要方式。

　　針對美蔣的空中挑釁，年輕的人民空軍為保衛大陸領空，邊建邊戰，期間先後調整充實了航空兵部隊，發展加強了高射砲兵部隊，新組建了地空導彈部隊。自一九四九年至一九六九年，人民空軍先後與美國空軍和受美國控制的臺灣國民黨空軍間諜部隊進行了二十年的防空作戰，共計擊落入侵的美蔣飛機四十二架，擊傷一百三十六架，有效保衛了大陸領空的安全。

解放一江山島

　　一江山島位於浙江臺州灣椒江口海面、大陳列島的中間位置，西距大陸三十餘公里。該島總面積不足一點三平方公里，是潰逃到臺灣的國民黨軍隊占據的重要前哨陣地。國民黨部隊在島上苦心經營八年之久，構築了以一五四個堅固工事為骨幹的完整防禦體系，形成易守難攻之勢。另外，距一江山島不遠的大陳島國民黨海軍有艦船十餘艘，噸位大、火力強，再加上美軍的暗中支持，國民黨軍不斷出動小股部隊襲擾、破壞大陸軍民設施。為了給其教訓，一九五四年，中央軍委決定，以陸海空三軍聯合作戰

▲ 指揮員在向飛行員下達任務

▲ 機務人員給飛機掛裝炸彈

的方式解放一江山島。

　　面對第一次三軍聯合作戰，如何充分發揮空軍的優勢，奪取戰役勝利，這是人民空軍戰前必須明確的重要指導思想和作戰原則。在抗美援朝戰場，人民空軍雖然給予陸軍以儘可能的支援策應，但由於種種原因，基本上是「你打你的，我打我的」，兩者並沒有很好協同起來。鑒於一江山島上較完備的防禦體系，此次解放軍陸海空聯合作戰，要想順利拿下該島，最大限度地減少傷亡，關鍵在搞好協同。更確切地說，空軍與陸海軍之間協同得好，步調一致則勝；協同不好，各自為戰則危，甚至失敗。為此，人民空軍迅速統一了思想，端正了認識，以陸軍的勝利為勝利，敢挑

重擔，勇於奉獻，甘當配角。前線指揮部在較短的時間裡，擬定了三套基本作戰計劃和十個具體實施方案，並很快得到前線指揮部和軍委的批准。

根據戰役計劃，空軍各參戰部隊針對實戰需要組織臨戰訓練：轟炸機、強擊機部隊在靶場設置了一江山島敵軍防禦設施模型，反覆進行轟炸訓練，投彈命中率普遍提高；殲擊機部隊的空中截擊成功率也明顯提高；轟炸機與殲擊機進行了混合機型的編隊練習，達到實戰的要求；偵察機出動六十架次，對大陳、一江山等島嶼實施偵察照相，掌握敵重要軍事設施的詳細情況；各級機關展開業務研究和指揮作業演練，構成和完善了空軍

▲ 重創國民黨海軍「衡山」艦的飛行員劉建漢

浙東前線、基地指揮所、輔助指揮所及引導組的指揮引導網；建設了前出基地，搶修野戰機場；同陸海軍多次進行演練，互相增長軍兵種知識，統一協同動作，摸索諸軍種合成的規律，提高聯合作戰能力。

十一月一日，人民空軍開始對大陳、一江山島進行連續轟炸突擊，先後出動轟炸機、強擊機、殲擊機一百餘架次，重創了敵軍艦和島上重要軍事目標。尤其是一九五五年一月十日的轟炸行動，取得的戰果最大。這一天，浙東沿海颳起大風，海浪洶湧，驚濤拍岸，海空一片迷濛。根據敵艦惡劣天氣不出航的規律，人民空軍果斷抓住戰機出擊，奇襲大陳港，集中打擊敵大型艦艇。中午十二時，二十八架圖-2 轟炸機低空隱蔽出航，直向大陳港壓去。緊跟著，又連續出動三批，對敵錨地艦隻進行不間斷突襲，不給敵喘息之機。

一月十八日上午八時，三軍聯合登陸作戰正式開始。人民空軍首當其衝，集中優勢兵力猛烈轟炸敵首腦部位和強火力點，堅決把敵炸暈、炸亂、炸怕、炸癱。八時至八時十五分，人民空軍出動三個轟炸機大隊、兩個強擊機大隊，對一江山島的敵主要陣地和指揮所實施第一次火力突擊。為迷惑敵軍，打亂其大陳地區防禦部署，同時出動轟炸機、強擊機各一個大隊，對大陳島敵軍指揮所和遠程砲兵陣地進行轟炸。僅幾分鐘，就投彈一百二十七噸，使其首尾難顧。

十四時至十四時十四分，又以三個轟炸機大隊和一個中隊，對一江山島敵縱深核心陣地實施第二次航空火力突擊；同時以兩個轟炸機中隊、一個強擊機中隊，對向解放軍步兵登陸部隊射擊的大陳島敵軍榴彈砲陣地進行壓制轟炸。十四時十五分至三十二分，兩個強擊機大隊在轟炸機部隊退出戰區時，對一江山島敵軍前沿陣地進行俯衝轟炸。火力突擊取得了明顯

效果，準確地破壞和摧毀了對登陸部隊威脅極大的敵主要支撐點的砲兵工事、高射機槍陣地、地堡和掩護所，徹底摧毀敵雷達，使其失去對空警戒的作用。

人民空軍的輪番轟炸突擊，使一江山島守軍暈頭轉向，通信中斷，指揮癱瘓，上下失控，完全亂了陣腳。從陸海軍集結開始到整個戰鬥的全過程，人民空軍集中殲擊機部隊，不間斷地實施戰區空中巡邏掩護。空中始終保持一定數量的戰鬥機群，牢牢掌握制空權，保證解放軍轟炸、強擊部隊進行轟炸突擊和地面部隊渡海登陸的空中安全。

在戰鬥實施中，空軍部隊與登陸作戰的陸軍密切協同配合，靈活機動地打擊守敵，保障登陸部隊的正面衝鋒。當登陸部隊通過海上運輸接近登陸地點時，空軍及時調整兵力，命令一個擬轟炸大陳島的中隊改為轟炸一

▲ 一九五五年一月十八日，轟炸機編隊即將升空向一江山島發起進攻。

▲ 一江山島被炸中的情形

江山島的敵砲兵陣地，保證了空中火力準備的連續性。他們還根據空中觀察到的戰鬥進程，自覺地投入戰鬥，對抵抗目標實施打擊，支援登陸部隊向縱深推進。當登陸部隊遭到敵火力阻擊時，強擊機立即實施俯衝轟炸。強擊機俯衝一次，步兵就衝鋒一次，空地協同配合相當默契。

三軍的密切協同配合使整個戰役行動按照預定計劃取得順利進展。只經過數小時的地面戰鬥，至當日黃昏時，解放軍便完全占領該島，戰鬥基本結束。敵慘澹經營的所謂「大門」，被解放軍三軍徹底砸開。

一江山島解放後，人民空軍仍然每天起飛，一是殲擊機沿海岸巡邏，偵察敵方動向，警戒敵機竄入尋釁；二是轟炸大陳島，繼續對敵施壓，威懾敵方心理，為下一步解放其他島嶼作戰略準備。

一江山島戰役剛結束，從一月十九日開始，美軍為給臺灣和大陳島的

國民黨守軍「打氣」，先後出動飛機二二二四架次，到大陳島附近空域活動。人民空軍毫不示弱，針鋒相對迎戰。美機色厲內荏，一遭遇就掉頭返回。

攻占一江山島的勝利，顯示了解放軍陸海空三軍協同渡海作戰的整體威力。不久，盤踞在大陳等其他島嶼的國民黨軍隊，懾於解放軍強大威力，在美軍的直接掩護下陸續撤離，浙江沿海島嶼遂告全部解放。

▍打高空偵察機

　　中華人民共和國成立後，逃亡到臺灣的國民黨政權不斷派空軍竄擾大陸地區，竊取軍事機密。一九五八年二月十八日，國民黨空軍的美製 RB-57A 高空偵察機在入侵大陸時被擊落後，美國又把二架 RB-57D 高空偵察機交給國民黨空軍，繼續入侵大陸地區進行偵察活動。從一九五九年一月至九月，該型機侵入大陸二十架次，活動區域遍及福建、浙江、江蘇、山東、河北、四川、貴州、廣東、江西、上海等十三個省市。

　　RB-57D 高空偵察機裝有四部航空相機，可攝取長約四千公里、寬約

▲ 一九五八年十月六日，中國空軍地空導彈兵第一營正式成立。

七十公里地幅的地面目標。同時，機上還裝有電子偵察設備。該機由於加大了發動機推力，飛行性能遠比 RB-57A 優越，飛行高度可達一萬八千至二萬米。當時人民空軍和海軍航空兵的殲-5 和米格-19 殲擊機升不到這個高度，在敵機入侵過程中，雖然人民空軍多次起飛攔截，終因飛行高度不夠，無法實施攻擊。

為了消滅這個空中威脅，中國政府和人民空軍決定啟用剛剛組建不久的地空導彈部隊。這支部隊於一九五八年六月籌備組建，十月六日，第一

▲ 警戒中的地空導彈部隊雷達陣地

▲ 北京召開大會，慶祝擊落一架國民黨空軍 RB-57D 型高空偵察機。

支地空導彈部隊——第一營成立。該部隊使用的蘇制薩姆-2 地空導彈，採用無線電指令制導，具有較高命中概率，能在各種複雜氣象條件下擊毀高度在三千至二萬三千米的空中目標，作戰半徑在二十九公里左右，屬於中高空、中程武器系統。它主要擔負要地防空任務，是當時世界上性能先進的防空武器系統之一。

地空導彈第一營成立後的翌年四月份，全體人員和部分其他參訓人員開赴西北，圓滿地完成了首次實彈打靶，證實了兵器擊中目標的高精度和高可靠性，極大地鼓舞了部隊的戰鬥士氣。五月中旬，人民空軍開始組織地空導彈第二、三、四營的改裝訓練。

一九五九年中華人民共和國成立十週年之際，中央決定舉行大型慶祝活動。當年國民黨空軍高空偵察機已入侵大陸二十次，其中有兩次還竄到北京地區上空實施偵察，北京市受到嚴重威脅。考慮到地空導彈部隊組建和訓練工作進展順利，人民空軍司令員劉亞樓決定使用地空導彈部隊擔負戰備任務，保衛國慶十週年期間首都地區的空中安全，並明確指示，如敵機膽敢來犯，堅決予以擊落。地空導彈部隊接受任務後，全力以赴投入到各項戰鬥準備工作中。

　　十月七日是國慶節後第一個星期天，部隊本應進行適當的補休，可是就在這一天，連陰了幾天的天空放晴了，蔚藍的天空萬里無雲。警惕性很高的地空導彈第二營指揮員岳振華，沒有組織正常的休息，而是讓所有人員堅守崗位。

　　果然，上午十時許，情況出現了。國民黨空軍一架 RB-57D 偵察機於十時八分從浙江溫嶺上空侵入大陸，飛行高度一萬八千米，過南京時升至一萬九千二百米，越過沿途殲擊機層層攔截，沿津浦路上空大搖大擺地北進。

　　當敵機距北京四百八十公里時，地空導彈群指揮員張伯華命令各營進入一等戰備。敵機接近河北滄州時，北京地區空軍最高指揮員命令殲擊機全部退出戰鬥，由地空導彈部隊消滅目標。這時敵機向部署在北京正南方的地空導彈第一營陣地飛來，過了滄縣後，它又轉往部署在北京東南方的第二營陣地方向。十一時五十分，第二營在敵機距離陣地一百三十五公里處打開制導雷達天線，隨後在一百一十五公里處捕捉到目標。與此同時，其他各營也都做好了射擊準備。當敵機距離陣地一百公里時，第二營完成導彈的接敵準備；距離七十公里時轉入自動跟蹤；當敵機接近到三十五公

里時，第二營果斷發射導彈。十二時四分，三發導彈騰空而起，飛向目標，瞬間將這架 RB-57D 飛機打得粉身碎骨，墜落地面。

事後查明，這架飛機是一九五五年七月在美國出廠、一九五八年交付國民黨空軍使用的，編制在第五聯隊第六大隊第四中隊，駐臺灣桃園機場。在美國顧問的策劃下，該機先後侵入大陸十五次，至被擊落時，已飛行八百三十六小時。

這次戰鬥開創了中國空軍和世界防空作戰史上第一次使用地空導彈擊落敵機的先例。

撲殺「黑蝙蝠」

　　為了更多地刺探大陸方面的軍事情報，國民黨空軍還派出其獨立第三十四中隊對大陸進行夜間低空偵察。三十四中隊主要使用的是美製的 P2V 飛機，因為這種飛機特別適宜夜間低空偵察，而且機身又塗成黑色，很像夏夜遊蕩的黑蝙蝠，所以三十四中隊又被稱為「黑蝙蝠中隊」。人民空軍多次攔截，均未取得戰果。

　　「黑蝙蝠」之所以屢屢逃脫，主要是因為該型機性能先進。P2V 的原型機是美國洛克希德公司於一九四一年開始研製的海軍反潛巡邏機，後來

▲ 中國空軍防空作戰中的「夜空獵手」米格-17

應美空軍的需求改裝為偵察機，拆除了全部機載武器，加裝了一整套電子偵察設備。除原裝的兩臺螺旋槳發動機外，又加裝了兩臺噴氣發動機，作為必要時緊急加速之用，續航時間可達十五小時左右，巡航速度在三百至三百四十公里/小時。為適應暗夜到中國大陸活動，又進行了新的設備改裝，形成三個系統：一是電子偵察系統。裝有偵察解放軍地面雷達部署和性能的設備，有偵聽空地通話的寬頻帶接收機，並可同時進行錄音錄像。二是安全航行系統。裝有全景搜索雷達，在三百至六百米高度上飛行時能判斷十公里內地形，並通過計算機與駕駛儀相連接，實現自動或半自動駕駛，使飛機保持在安全高度上低空飛行。三是警戒干擾系統。機上攜帶三釐米玻璃絲、十釐米鋁箔片，以便對對方地面和機上雷達進行消極乾擾，使其雷達顯示器上顯示密集的雜波，湮沒掉飛機自身的回波；另裝有應答

▲ 毛澤東和飛行員在一起

式干擾機，當殲擊機機上雷達瞄準天線工作時，回答式干擾機收到信號經過調製，發射一種高能量的反相信號，使截擊雷達抓不到真目標，而跟蹤假目標。另外，在 P2V 的垂直尾翼上還裝有護尾器，以警告飛行員尾後有飛機追蹤，要迅速機動擺脫。

而當時，人民空軍夜間防空作戰的主要裝備是米格-17 殲擊機和高射炮。米格-17 是單座單發動機飛機，飛機的操縱、航行，雷達的搜索、瞄準到射擊都靠一個飛行員來進行，精力不易分配，低空飛行要冒很大風險。而且米格-17 速度快，機上的雷達在低空的作用距離近，所以當進入 P2V 的尾後，從抓住目標到開炮，時間僅有十餘秒，而且 P2V 還會施放

▲ 一九五六年十一月八日，國防部長彭德懷一行在天津楊村機場檢閱飛行人員。

干擾和進行機動，因此，跟蹤和瞄準動作就更複雜了。使用米格-17 在暗夜打 P2V 實在是迫不得已，由於當時並沒有其他相應的飛機。同樣，為了撲殺「黑蝙蝠」，解放軍使用了陸、空軍的高炮營、探照燈連，組成多個炮群，配置在 P2V 飛機竄犯大陸慣常的進出口和主要航路檢查點上，進行機動作戰，設伏堵口。雖然 P2V 飛機曾多次通過機動設伏的高炮火力範圍，但由於部隊戰鬥指揮不當、燈炮協同不好而未能擊落敵機。而且，在一九六一年九月之前，對 P2V 到大陸的活動規律還沒有完全摸準，設伏地點不盡恰當，兵力也較分散，火力範圍較小，所以，常常使 P2V 逃脫。至於情報保障和指揮引導的狀況，也難以完全適應打 P2V 的需求。當時人民空軍各型雷達有限，而且大部分技術老舊，性能落後，加之中國山區多，又沒有專門的適合山區使用的雷達，所以低空空隙相當大，對在五百米以下飛行的目標，只能在少數要點附近和某些沿海地區保證連續跟蹤。而敵機經過長期竄擾活動，已大體上摸清了解放軍雷達的部署情況，時常在解放軍設防薄弱或雷達空隙之間穿行，致使解放軍空軍飛機不能對其進行有效的截擊。敵機有時為了達到某種偵察目的，還有意闖進雷達有效探測區內，並不斷地施放消極或積極干擾，以破壞解放軍的情報保障和對殲擊機的指揮引導。

然而，人民空軍不會讓「黑蝙蝠」就這樣在大陸地區肆意飛行。在與 P2V 飛機的長期鬥爭過程當中，人民空軍對其活動規律有了進一步的認識，並且通過部隊上下結合的分析研究，總結出了一些打 P2V 飛機的戰法，並很快產生戰果。

一九六一年九月中旬，人民解放軍調整了機動高射炮群的部署，採取堵口設伏和機動設伏相結合的辦法，集中陸、空軍高砲兵力，在「黑蝙

蝠」慣常活動的地區構成綿密的火力網，同時採取壓縮開燈、開炮的距離，用「快速近戰」戰法，以對付敵機電子干擾和機動。

十一月六日，駐遼東半島的高炮群指揮所收到空軍通報：臺灣 P2V 型飛機一架，由南朝鮮群山機場起飛，企圖竄擾大陸東北地區。高炮群指揮員、空軍高炮師長范振江命令各分群做好臨戰準備。當敵機距離一百公里時，范振江下令：各炮連開機、開燈和開火時機由各連自行掌握。敵機距離前沿砲兵連三十五公里時，范振江命令部隊注意收聽近距離情報並命令伴動雷達探照燈對向搜索。不久，敵機進入人民空軍探照兵開機線五公里，突然轉向，向戰鬥隊形右翼飛行。當敵機抵近到距探照燈陣地四公里時，指揮員下令開燈，接著其他探照燈陣地迅速開燈照中，高炮部隊立即捕捉住目標。瞬時，多個高炮部隊分別在距敵機一千米、二千六百至六千

▲ 在大連地區上空被擊落的國民黨空軍 P2V 型電子偵察機殘骸

米以猛烈、集中的火力疾速射擊，敵機迅速右轉下滑，企圖逃跑，結果形成了更大的被彈面，當即中彈起火、墜毀。

高射炮部隊的戰鬥勝利，對航空兵部隊是很大鼓舞，同時也是鞭策和壓力。因為從一九五九年五月二十九日至一九六一年底，已經過去了兩年半時間，P2V竄擾大陸縱深已達數十架次，人民空軍也起飛了數百架次飛機進行截擊，其中許多架次開了炮，對P2V構成了很大威脅，迫使其收斂猖狂的氣焰，逐年減少了入侵架次，但始終沒有取得擊落敵機的戰果。航空兵部隊並沒有氣餒，在認真研究分析敵機的活動規律、總結作戰失利

▲ 一九六三年六月二十八日，周恩來總理接見飛行員王文禮等人。一九六四年九月，空軍授予王文禮「夜空獵手」榮譽稱號。

的教訓、探索有針對性的戰法的同時，改造米格-17 飛機上的設備。經過一年多時間的苦練，終於也成功撲殺了一隻「黑蝙蝠」。

一九六三年六月十九日傍晚，接上級通報，國民黨 P2V 飛機可能會竄擾，人民空軍駐南昌附近的夜間截擊大隊相關作戰人員迅速進行了戰前準備。二十一時左右，指揮所通報，一架 P2V 已經從浙江路橋機場北面侵入大陸。二十二時二十分左右，大隊長董純仁和副大隊長王文禮起飛接敵，但因高度差太大，又出現干擾，目標丟失，沒能攻擊。

二十日凌晨零時十八分左右，王文禮再次接到起飛的命令。第一次進入是與敵機航向成九十度的大角度，而且速度差很大，所以沒有發現目標。第二次是從敵機尾後進入的，當接近敵機時，王文禮打開機上雷達，發現了敵機信號。敵機開啟干擾並採取機動措施，但效果不佳，仍被王文禮緊盯不放。當雙方接近至五百米時，王文禮迅速發炮，但沒有擊中，敵機信號突然從雷達上消失。這時王文禮迅速抬頭採用肉眼目視搜索，結果在左前上方發現了敵機噴氣發動機噴出的黃藍色火光。王文禮再次跟上，但由於角度和速度差太大，一瞬間衝了過去，又丟失了敵機。

經過地面雷達引導，王文禮再次發現敵機。這次他吸取教訓，把速度減到最小（近於失速狀態），當接近到一點六公里時敵機又開始干擾，並向右機動。王文禮從干擾的雜波中分辨出真目標，並緊跟其後。很快雙方距離僅剩一公里，突然雷達顯示屏上目標再次丟失。有了上一次的經驗，王文禮再次抬頭向外搜索，果然在左前上方距離大約二百至三百米處發現了敵機的排氣火光和整個飛機的輪廓。王文禮迅速跟上，在一百米左右的距離，冒著撞擊的危險按下炮鈕，打了約二秒鐘。敵機機身上竄起了火苗，撞向地面。

在隨後的一九六四年六月十一日，中國海軍航空兵部隊再次擊落 P2V 飛機一架。看到一隻隻「黑蝙蝠」被擊落，國民黨空軍哀嘆不已。從那以後，「黑蝙蝠」竄擾大陸、竊取情報的行動戛然而止。

▌獵殺「黑寡婦」

　　一九五九年十月七日，侵入大陸的國民黨空軍 RB-57D 高空偵察機被擊落後，美國和臺灣國民黨軍政當局受到了很大震動，他們都認為要重新評估中國大陸的防空力量，並要研究新的對策。因此，對大陸縱深的高空偵察活動中斷了兩年三個月之久。直到一九六二年一月，美國迫於急需了解中國在西北縱深地區研製核武器和遠程導彈的情況，才改用 U-2C 飛機恢復偵察。到同年六月底，U-2C 間諜飛機已竄入大陸十一架次，活動範圍除新疆、西藏外，遍及全國各地。

　　U-2 飛機是洛克希德公司為美國中央情報局特製的高空間諜飛機，於一九五五

▲ 一九六二年九月至一九六七年九月，空軍地空導彈部隊共擊落國民黨空軍 U-2 型高空偵察機五架，這是在北京軍事博物館展出的其中四架 U-2 型飛機殘骸。

年八月第一次試飛，一九五六年四月宣佈試製成功。美國對外謊稱這種飛機是「用來研究湍流及氣象方面的情況」，而實際上從一九五七年起，中央情報局即把它當作進行空中間諜活動的工具。U-2 飛機的主要特點是，重量輕（淨重約 7000 公斤左右）、滑翔性能好（當飛行高度在 21000 米時，可滑翔 380 公里），飛行高度可達二萬一千餘米，續航時間八至九個小時。機上裝有三十六英寸的 73-B 型長焦距航空相機，可以多角度轉動拍攝地面目標；內裝二十釐米寬、二千五百米長的高清晰度照相底片，可以連續拍攝九個小時左右。此外，還裝有先進的電子設備。由於 U-2 全身塗裝成漆黑色，因此又名「黑寡婦」。

U-2 間諜機入侵中國大陸為美國竊取戰略情報，是二十世紀六〇年代冷戰時期所謂「美臺合作」的高度機密行動。

一九五九年二月，國民黨空軍在各戰鬥和偵察機部隊中，按照飛行經驗豐富、飛行總時間在三千至四千小時之間、軍銜是上尉或少校軍官的條件，挑選出了六名飛行員，送往美國得克薩斯州勞林（Laughlin）空軍基地，接受駕駛 U-2A 型飛機的訓練。其中完成訓練任務的五名飛行員於當年八月學成返臺。八個月後，他們又再度赴美，接受改裝發動機推力更大、並加裝了電子偵察設備的 U-2C 型機的復訓。U-2C 型機升限可達二萬五千九百米，最大速度達八百五十公里/小時。

一九六〇年底，國民黨空軍以自美國訓練歸來的飛行員為基礎，在桃園機場成立了獨立第三十五中隊，對外稱「氣象偵察中隊」。隨後即移駐臺中公館機場。

國民黨空軍按照美國中央情報局的計劃，派 U-2 飛機偵察大陸的重點是青海格爾木、甘肅蘭州、內蒙古包頭以及新疆羅布泊地區的核武器和

遠程地對地導彈研製工廠、試驗基地等目標；其次是東南沿海地區淺近縱深軍事調動和部署情況。U-2 飛機侵入大陸的進出口和飛向重點目標的航線，一般都繞過大城市和可能部署地空導彈的重要保衛目標。

在最初的半年裡，對於未能擊落 U-2 間諜機，眼看讓它一次次暢行無阻地竄入大陸縱深，為美國竊取中國的核心機密，又大搖大擺地飛回臺灣，人民空軍感到很大的壓力和屈辱。

面對 U-2 的肆無忌憚，解放軍確實辦法不多。因為高射炮的射程和殲擊機的實用升限都達不到二萬米以上，對 U-2 無可奈何；唯一能打下 U-2 的兵器只有薩姆-2 地空導彈，但是這種兵器是專門為要地防空設計的，結構笨重，對陣地條件要求高，不適於機動作戰，而且數量有限。針

▲ 一九六五年一月十日二十一時十五分，國民黨空軍 U-2 型高空偵察機一架在內蒙古包頭地區上空被擊落，這是中國地空導彈部隊首次夜間擊落飛機。

對這種困境，人民空軍領導層苦苦思索。在一次會議上，當時的人民空軍副司令員成鈞認為，不能讓導彈營老在一個地方待著，否則就成了「呆兵」；司令員劉亞樓也認為，導彈營老待在一個地方等敵人來，就像是守株待兔的傻獵手。經過一番研究，他們創造性地提出了一個古老又新奇的戰法——導彈游擊戰，即把地空導彈部隊撤出原駐地，機動到外地去設伏。

但是，U-2 飛機入侵的進出口和航線是不斷變化的，在九百六十萬平方公里國土上，把作戰有效半徑僅有二十九公里左右的幾個導彈營機動到哪一點上才能壓準敵機的航跡呢？這又是個問題。經過研究，發現 U-2 偵察機活動有兩個明顯的特點：一是十一次進入內地偵察有八次經過南昌，這裡似乎是它的一個航行檢查點；二是在東南沿海地區一旦發現解放軍航空兵調動，通常都要出來偵察。於是，人民空軍決定將地空導彈部隊轉至南昌設伏。

為了引敵機出動，一九六二年九月七日，人民空軍令駐南京的一個轟炸機大隊空中轉場到南昌；八日，又令從南京出動一架圖-4 重型轟炸機，以八千至一萬米高度直飛江西樟樹機場。

果然，臺灣方面沉不住氣了，九月八日中午派出一架 U-2C 飛機到廣州地區上空探查虛實。這架飛機安全地飛了回去。九月九日六時許，又派了一架 U-2C 飛機從桃園機場起飛，直奔福建方向而來。七時三十二分，U-2C 經平潭島，以高度二萬米、時速八百公里進入大陸上空。七時五十分，地空導彈發射營發現目標，距離二百五十六公里。七時五十九分，敵機側飛臨近至七十五公里，導彈營開啟制導雷達，目標立即被捕捉到，一切似乎勝利在望。然而，U-2 突然轉向，越飛越遠。

▲ 高射炮火力網

　　地空導彈營指揮員岳振華是個善於動腦筋和作總結的人，經過慎重分析，他認為這只是 U-2 飛機的圈套，它肯定會飛回來，於是果斷下令保持警惕。果不其然，U-2 飛機繞到九江後，回頭直向導彈營陣地飛來。當飛機再次飛入導彈射程時，三發導彈齊射，當即把 U-2C 飛機擊毀。

　　這是人民空軍第一次打下 U-2 飛機。事實證明，「導彈游擊戰」的戰術是行得通的、符合實際的，設伏地點的選擇是正確的，誘敵出動的戰術運用也是成功的。

　　一九六四年十月十六日，中國第一顆原子彈在西北地區爆炸成功。美國中央情報局急於獲取情報，兩個月內驅使臺灣國民黨空軍出動 U-2 飛

機十一架次竄入中國大陸偵察，其中偵察蘭州、包頭地區六架次。

其實，在中國第一顆原子彈試爆前夕，人民空軍就命令地空導彈部隊緊急出動，去保衛試驗基地。不過，當導彈營抵達相應陣地時，原子彈已經爆響。

十月三十一日，一架 U-2 竄入西北偵察，但沒有經過導彈營陣地。十一月二十三日，又一架 U-2 竄入大陸，但飛到武漢上空又突然轉回去了。十一月二十六日，第三架 U-2 從福建連江竄入大陸，向大西北飛來，並不偏不倚地對準了地空導彈營陣地。導彈營迅速鎖定敵機，並發射三枚導彈，然而導彈卻相繼偏離了敵機，U-2 飛機從容地飛走了。面對突然的狀況，導彈營一邊上報戰況一邊總結研究。經與上級機關相關專家共同分析，認為 U-2 飛機可能安裝了電子干擾器，干擾了導彈的制導雷達。針對 U-2 飛機的干擾系統，地空導彈營果斷採取了相應措施，加裝對抗設備。

一九六五年一月，U-2 飛機再次入陸，又一次進入了人民空軍地空導彈部隊的伏擊陣地。這一次 U-2 飛機不再有以往的幸運了，當進入地空導彈射程後，三枚導彈齊發，將其當場擊毀。飛行員跳傘被俘後回憶說，當時電子干擾設備對導彈的制導雷達照射沒有絲毫反應，只是當感覺到飛機猛烈震動，自己被甩出機艙時，才知道已被導彈擊中。事實證明，導彈營採取的措施和加裝的對抗設備發揮了作用。

從一九六二年九月到一九六七年九月，人民空軍地空導彈部隊依靠靈活多樣的戰術四處設伏，共成功擊落 U-2 飛機五架。一九六八年後，國民黨空軍被迫停止派遣 U-2 高空偵察機進入大陸縱深活動。

▌打戰術偵察機

　　儘管多架多型偵察機在偵察大陸軍事機密的過程中不斷「折翅」，臺灣國民黨方面仍然不肯放棄。一九五九年七月，國民黨空軍又選派了六名飛行員、二十多名地勤人員到日本沖繩島美國空軍基地接受 RF-101A 偵察機改裝訓練。同年十一月，四架 RF-101A 飛機自美國運抵臺灣。國民黨空軍接收飛機後，於一九六〇年一月開始入侵中國大陸東南沿海進行照相偵察。為了避免遭到防空力量的打擊，一九六一年八月以前，主要採用

▲ 一九六五年三月十八日，副大隊長高長吉擊落國民黨空軍 RF-101 型偵察機一架。圖為高長吉匯報戰鬥經過。

低空和超低空偷襲方式進行活動。

RF-101A 是在 F-101A 單座超音速戰鬥機基礎上改裝的，主要用於晝間照相偵察，最大飛行高度為一萬五千五百米，最大平飛速度在高空可達音速的一點八五倍，中低空為一千六百五十公里／小時左右，續航時間為二小時三十分鐘，活動半徑為八百八十至一千零四十公里，到大陸縱深活動一般不超過一百八十公里。它的特點是低空和垂直機動性能好，增速快。機上沒有武器，只有照相設備。共裝有六部三種類型的照相機，並裝有一個 PVF-31 型取景器，供飛行員觀察航線及偵察目標使用。六部照相機分別安裝在機頭和機腹下部：一部焦距十二吋的照相機裝在飛機頭部，三部焦距六吋的照相機並裝於機艙的前下方。這四部相機主要用於低空照相，其最有利的照相高度為四百五十七米，攝影時常用的速度為一○五○公里／小時（280 米／秒），最大速度不得超過一千一百公里／小時（306 米／秒）。二部焦距為三十六吋的照相機並裝於座艙的後下方，主要用於高空照相，其最有利的照相高度為九一五○米，照相時常用的速度為一千零五十至一千二百二十公里／小時。

一九六○年一月八日，RF-101A 首次出動，對大陸福建一線機場進行偵察。入陸前，在海上的飛行高度只有一百至一百五十米，解放軍雷達未能發現；退出大陸時，高度升高，至海峽中線，雷達才發現情況，直至桃園西北三十公里處消失。RF-101A 飛機的偵察活動引起人民空軍領導的高度重視，專門對所屬高射砲兵指揮部提出對 RF-101A 飛機的作戰要求，要求堅決擊落入侵敵機。

三月三十日，國民黨空軍 RF-101A 飛機又竄入大陸沿海機場上空偵察。十二時三十二分，人民空軍高射砲兵一線炮群指揮所接到對空監視哨

▲ 駐福州高炮部隊首次擊落超低空、超音速噴氣式偵察機，空軍司令員劉亞樓在慶祝大會上講話。

發出的敵機來襲報告，在查明情況後，十二時三十五分下令高炮準備作戰。這時敵機已臨空，擔任當日火炮值班的部隊已開始射擊。敵機以高度二百五十米、速度二百五十米／秒，背陽光順跑道通過了機場上空。與此同時，值班各火炮也先後捕住了目標並相繼開火射擊。據儀器觀察判定，有一發砲彈在距敵機頭部二米處爆炸，另一發在距敵左機翼一米處爆炸，敵機襟翼被打下約六十釐米長、四十釐米寬的一塊鋁板。這是人民空軍高炮部隊首次擊傷低空高速偵察機。

一九六一年六月，RF-101A 再次對大陸沿海機場進行偵察。當日該機從桃園機場起飛，超低空隱蔽出航，自福建某機場正東方向入陸，由北向南順跑道方向通過，進行低空照相偵察。機場附近高炮部隊開火射擊，敵

機再次被擊傷。

自 RF-101A 首次出動偵察，到這次戰鬥為止，近一年半時間內，該機型已先後進入大陸沿海地區九次，偵察了汕頭、晉江、漳州、廈門、龍田、路橋和寧波等地，雖在兩次竄入時被擊傷，但沒有遭到毀滅性的打擊。主要原因是它採取超低空飛越臺灣海峽，入陸後大速度通過目標並實施航空照相，在目標上空時間極短，雷達難以掌握它的行蹤，致使殲擊機不能及時截擊，高射炮也來不及進行有組織、有準備的精確瞄準射擊。

長時間沒能把敵高速偵察機打下來，對人民空軍是一種壓力，尤其對福州地區的空軍部隊壓力更大。福州地處東南沿海的中心點上，當時敵機對福州以北、以南機場都已進行了偵察，只有福州沒有到過。估計敵機最近必來福州，當地部隊組織相關力量認真研究了敵機歷次活動的情況，摸清了其活動規律，迅速而緊張地採取了針對性很強的戰備措施。

八月二日，得悉國民黨空軍 RF-101A 偵察機有出動徵候，人民空軍駐福州指揮所命令八架殲擊機起飛升空巡邏，並令全區高炮進入戰備狀態。九時八分十五秒，國民黨空軍 RF-101A 飛機在閩江口剛一露頭，就被大陸對空觀察哨發現，並立即報告各作戰單位。九分二十六秒，福州機場各炮連捕捉到目標。等 RF-101A 飛機臨空，各炮連同時開火。在集中猛烈的炮火轟擊下，敵機被擊中起火，墜毀於福州機場西南十四公里處，飛行員跳傘後被俘。

第一架 RF-101A 偵察機被擊落後，國民黨空軍迅速改變了偵察照相的戰術，改為低空出航高空照相。即仍以一百五十米左右的高度飛越海峽，並保持無線電靜默；當接近進入照相航路的檢查點時，轉彎對向偵察目標方向，並開加力疾速爬高；到達九千至一萬米高度後，對正目標進行

航空照相；而後迅速俯衝增速，向海峽方向退出大陸。有時在接近大陸時發現有殲擊機攔截，便採取迴避戰術，中途折返。有時出動雙機，分別在高低空同時通過目標照相，或者一架入陸照相，另一架在海峽上空佯動。

對於 RF-101A 偵察方式的變化，大陸防空部隊在較長時間內沒能適應。雖然在福建沿海幾個機場部署了一百毫米口徑的高射炮，還使用了一些技戰術水平較高的殲擊航空兵小分隊和指揮班子對付 RF-101A 飛機的偵察活動，但由於敵機照相高度超過了高炮有效射高，再加上敵機一旦發現有殲擊機攔截即放棄偵察、掉頭回竄，而未能奏效。當然，最重要的原因還在於解放軍航空兵當時的裝備還不適應作戰的需要——大量使用的是亞音速的米格-17 飛機，難以追擊超音速飛機。所以，在福州高炮部隊成功擊落敵機之後，三年多沒能再次給 RF-101A 飛機以毀滅性的打擊。

直到一九六四年六月國產超音速殲-6 飛機陸續裝備部隊後，東南沿海空中反偵察鬥爭才掀開新的一頁。一九六四年十二月，根據解放軍總部統一部署，空軍和海軍航空兵在東南沿海機場進駐專門打 RF-101A 飛機的作戰分隊。

十八日上午，國民黨二架 RF-101A 飛機再次向大陸方向飛來，解放軍空軍立即派二架殲-6 飛機起飛，但沒有攔截成功。下午二點，RF-101A 再犯大陸，這次空軍提前組織飛機起飛——先組織殲-5 飛機佯動，然而派出一架殲-6 飛機起飛，以高度四千米到機場東北隱蔽空域待戰。不久，雷達發現，RF-101A 飛機高度三百米，從機場以南接近大陸。就在接敵的關鍵時刻，引導雷達因操縱失誤又丟失了目標，這時領航員果斷地採用推測引導法，引導殲-6 飛機飛向敵機可能經過的航路。待雷達重新抓住目標時，發現敵機正沿著推測的航路疾速爬升。這時殲-6 急忙跟到敵

▲ 被擊落後的國民黨空軍 RF-101A 偵察機殘骸

機尾後，對準尾噴管上方猛烈開炮。RF-101A 被擊落，飛行員跳傘後被俘。

　　事隔三個月之後，解放軍空軍再次擊落國民黨 RF-101A 飛機一架，最終把 RF-101A 從東南沿海上空趕了出去!

打高空無人偵察機

一九六一年，越南戰爭爆發，戰爭很快蔓延到越南北部，嚴重威脅到中國的安全。為了保衛中國領空、領海和領土的安全，人民解放軍陸、海、空三軍進入戰備狀態，採取措施加強廣西、雲南、海南島等地區的防空。美國鑒於朝鮮戰爭慘敗的教訓，要把空襲擴大到與中國山水相連的越南北方時，不得不小心謹慎，因此，它要嚴密觀察站在越南背後的中國的動向。

由於當時美國在太空運行的軍事偵察衛星在數量和偵察效果上均達不到要求，地面無線電偵察由於距離太遠收到的可用信號有限，而地面諜報信息傳遞又太慢，唯一可以快速得到比較全面、適時的軍事情報的手段，就是派偵察機對中越邊境地帶的淺近縱深實施不間斷的偵察。但是如果這樣做，就等於向中國宣戰，而且要冒很大的風險。為了減少風險，美軍最後採用了投放無人駕駛高空偵察機侵入中國領空偷竊情報的手段。從一九六四年八月到一九六九年年底，美軍無人駕駛高空偵察機共入侵中國領空九十七架次，平均每年十九架次，迫使人民空軍又投入到打無人駕駛高空偵察機的長期艱苦的鬥爭之中。

一九六四年八月二十九日，中國地面雷達在南海上空發現一架美機，高度一萬七千八百米，速度八百五十公里／小時，從海南島海口市上空侵入。指揮所戰勤人員一開始判斷是 U-2 飛機，但是雷達的回波又非常微弱，並且時有時無、時斷時續，非常奇特，不像是 U-2 飛機的信號。後來經情報部門綜合分析證明，當日美軍從沖繩嘉手納基地起飛一架 DC-

▲ 一九六四年十一月十五日，中隊長徐開通擊落美國無人駕駛高空偵察機一架。這是空軍
航空兵部隊首次擊落該型飛機。徐開通受到提前晉陞軍銜的獎勵。

130 運輸機，到南海上空投放了一架「火蜂」式無人駕駛高空偵察機，入侵中國領空的就是這架飛機。九月到十月上旬，美軍又連續從南海上空和南越西貢機場附近投放無人機六架次入侵中國領空，解放軍空軍雖多次出動飛機截擊，都因雷達情報不連續、美機飛行高度在一萬七千五百米以上（中國飛機搆不著）而未獲戰果。

為了有效抗擊美軍無人偵察機對中國領空的非法入侵，人民空軍調來航空兵王牌師與之對抗。該師曾在朝鮮空中戰場上立過赫赫戰功，一九五八年首批改裝了新型米格-19 飛機（該機的靜升限只能達到 17600 米）。在一九五九年以前，為對抗臺灣國民黨空軍的 RB-57D 飛機對大陸縱深進行偵察竄擾活動，該師米格-19 飛機曾試用動力升限的方法，躍升到了大

約一萬八千米以上的高度。

一九六四年十月十三日，美軍一架無人駕駛高空偵察機從友誼關上空入境，高度一萬八千米，米格-19迅速起飛迎敵。

此次入侵的無人駕駛高空偵察機是美國瑞安（Ryan）公司在五〇年代開始研製的「火蜂」I型飛機的改進型，它續航時間長，能利用多普勒導航

▲ 擊落無人駕駛偵察機的僚機飛行員李躍華

雷達和程序控制設備按預定飛行程序進行偵察飛行；返航後可在無線電信號遙控操縱下傘降回收，重複使用。它的體積很小，翼展只有三點九三米，機身長五點九八米，機身最大直徑零點九四米，並且在機體上採用了許多非金屬複合材料，因此雷達回波很弱。飛行員在空中從美機正後方進入攻擊時，看目標就像一片薄薄的刮臉刀片，射擊距離大於五百米時，根本不可能將其擊落。

人民空軍的米格-19飛機在一萬六千米高度開始加速躍升，當上升到一萬七千九百米、距敵一千二百米時，第一次射擊，未能擊中美機。繼續接近到八百米時，仍未能擊中。飛行員為了更進一步縮短距離，把速度加到最大，冒著失速的危險進行了第三次躍升，接近到五百米時第三次射

擊。這次無人機雖被擊中，但沒有擊中要害，讓它逃走了。由於躍升過猛，米格-19飛機還是失速進入螺旋，飛行員不得已棄機跳傘。

戰後，航空兵師在空軍機關的幫助下進行了作戰總結，認為要擊落這種美無人機，關鍵是要有良好的不間斷的情報保障、準確的指揮引導，壓準目標航跡，掌握好動力躍升時機；飛行員要採用正確的爬高方法，勇敢地迫近射擊，在極短時間內完成瞄準、射擊、脫離等一系列戰鬥動作，並

▲ 中隊長張懷連介紹擊落美國無人駕駛高空偵察機的經過

做好處置危險情況的精神準備。

十一月十五日，在海口東南海面上空再次發現無人駕駛高空偵察機一架，高度一萬七千六百米。航空兵師迅速接敵，米格-19 飛機升到一萬六千五百米時發現無人機，經過加速躍升，在接近過程中三次開火，最終擊落美機。

這次戰鬥的勝利是在美軍無人駕駛高空偵察機第十三次入侵時取得的，人民空軍首創了用戰鬥機在平流層擊落美機的記錄，並為而後一連串的戰鬥勝利提供了成功的經驗。

三個月後，空軍再次擊落一架無人偵察機。在隨後的數年中，中國空軍成功運用多種戰術、多種機型擊落擊傷多架美製無人機。此後，美機不再敢輕易入境。

▌打二代主戰飛機

　　一九六五年二月七日，美軍開始對越南北方進行大規模轟炸。當年四月初，開始集中其海、空軍作戰飛機，把對越南北方的轟炸範圍由軍事基地等目標擴大到橋樑、鐵路和主要公路等通往南方戰場的補給線。其轟炸強度迅速加大，並將空襲範圍逐步擴大到中越邊境。針對美機隨時可能越境的形勢，中國政府要求人民空軍加強廣西、雲南方向邊境地區的防空部

▲ 副中隊長張運寶匯報擊落美國 RA-3D 型偵察機戰鬥經過

署，提高警惕，隨時準備殲滅空中越境來犯之敵。

十月五日，中國地面雷達發現二十九批一百餘架美機在諒山以南攻擊地面目標。不久，有十三批十三架次美機先後四次侵入中國廣西憑祥地區領空。人民空軍派出四架殲-6飛機，以高度六千米隱蔽出航，準備到龍州上空待戰。中午十二時，地面雷達又發現美小型飛機一批四架，高度一萬米，平行於中國國境線外側往返飛行，有時短暫侵入中國境內。駐邊境地區空軍指揮員決定打掉該批美機，並下令正在飛向待戰空域的飛機直接出航截擊。十二時三十五分，美機從隘店侵入中國，越境縱深達到十三公里。此時雙方飛機相距四十公里，突然中國飛行員向指揮員報告，發現一架大型美機，指揮員下令擊落。中國飛行員開始攻擊，僅用五十五秒鐘，將這架美國海軍RA-3D電子偵察干擾機擊落。

一九六六年四月十二日，人民空軍航空兵再次在中國領海上空擊落美軍A-3B艦載攻擊機一架。當日十二時五十四分，雷達發現在海口市東南二百二十公里有一架不明飛機，高度五千米，時速七百五十至八百公里，向中國大陸方向飛行；十三時二十分侵入雷州半島以東領海線內。為攔截該機，人民空軍派出二架殲-6飛機起飛截擊。首次引導進入，飛行員在左下方距離九公里發現美機，但由於與美機速度差過大，未來得及採取動作，就衝過去了，並丟失了目標。經地面引導，僚機飛行員很快再次發現美機。為了查明敵機性質、型別和國籍，中國飛行員勇敢沉著地三次靠近美機，最近時與美機的間隔僅七八十米，反覆仔細地進行觀察識別，看清了是單座艙、塗有美軍機徽的戰鬥機，遂逼近到三百米，三炮齊射。美機當即中彈起火，不久墜海。

一九六六年五月十二日，人民空軍殲擊航空兵在雲南馬關上空擊傷美

▲ 擊落美國海軍 A-3B 型飛機的飛行員李來喜

軍 RB-66 飛機一架。九月九日和十七日，又分別在廣西東興、友誼關以北各擊傷 F-105 戰鬥機一架。

　　一九六七年八月二十一日，美軍先後出動飛機三千架次轟炸越南北方諒山地區的交通線。其中一批 A-6A 攻擊機於十三時十分從友誼關以東之隘店侵入中國境內。人民空軍前沿指揮所立即命令預先起飛警戒的四架殲-6 飛機前去攔截。十三時十二分，帶隊長機發現美機。當時美機正下降高度入雲，中方即尾隨美機下滑追殲，在穿雲過程中長機丟失了美機，隨即指揮二、三、四號機投入戰鬥。二號機首先打美僚機，從尾後隱蔽進入攻擊，兩次開炮，因速度差過大，很快從美機上方數米處衝過。飛行員隨即做了一個難度很大的斜筋斗反轉動作，把飛機拉到美機尾後，再次占

據了有利攻擊位置，抵近至五百米，三炮齊射，當即將美機擊落，敵二名飛行員跳傘。這時三號機發現美長機，迅速跟上。美為擺脫攻擊，繼續增速下滑並作蛇形機動，三號機兩個點射但沒有擊中。隨即，三號機飛行員改變戰法，當美機向右機動時，他在左邊等著；當美機再轉過來，就用瞄準具光環套住美機猛烈開炮，當即把美機打得凌空爆炸。至此，美機入境僅三分五秒，整個戰鬥只用了一分三十秒，二架美機全部被擊落。

一九六八年十月三十一日，美國總統約翰遜發表聲明，完全停止對越南北方的轟炸。由此，人民空軍在中越邊境與美機的空中鬥爭也漸趨緩和。

▲ 殲擊機編隊出擊

第四章

中國人民解放軍空軍的兵種構成

二〇〇九年十月三十日，在人民空軍成立六十週年前夕，中央軍委委員、空軍司令員許其亮上將接受新華社記者專訪時，對人民空軍戰鬥力水平作了這樣的概括：六十年不懈奮進，人民空軍從無到有、由弱到強，已經發展成一支「攻防兼備」型的強大空中力量，已發展成由航空兵、地空導彈兵、雷達兵、通信兵、空降兵等多兵種合成的戰略軍種。

空軍航空兵

　　空軍航空兵是空軍編成中裝備軍用飛機和直升機，主要遂行空中作戰、保障等任務的兵種。航空兵是世界各國空軍的主要兵種，按擔負的任務和裝備飛機的種類，分為殲擊、轟炸、殲轟、強擊、偵察、運輸航空兵及預警、電子戰、加油等其他專業航空兵。

　　殲擊航空兵是空軍編成內裝備殲擊機，以截擊、空戰為主要手段遂行作戰任務的航空兵，是空軍航空兵的主要組成部分。通常編為師、團、大隊、中隊，具有高速機動和猛烈攻擊的能力。擔負的主要作戰任務是：抗擊空襲、奪取制空權，掩護地面、艦艇部隊，殲滅敵空中目標，保障其他航空兵和空降兵的戰鬥行動。此外，還可用於摧毀地面目標和實施空中偵察。

　　轟炸航空兵裝備有

▲ 殲-10 飛機編隊

轟炸機，是空軍航空兵作戰的主要進攻力量。它作戰半徑較大，載彈量多，可攜載各類常規炸彈、制導炸彈，也可攜載核彈，還可攜載照明彈、煙幕彈、照相彈等輔助炸彈。按任務和機種，分為戰略（遠程）轟炸航空兵和戰術轟炸航空兵。戰略轟炸航空兵亦稱遠程航空兵，裝備中、重型轟炸機，具有航程遠、續航時間長、載彈量大、機載火力配系較強等特點。擔負的主要作戰任務是：消滅敵方導彈、航空器，摧毀、破壞敵方政治、經濟中心和重要戰略目標，參加爭奪制空權、制海權的鬥爭，支援地面、艦艇、空降兵部隊作戰，實施航空偵察和電子干擾。強國空軍的戰略轟炸航空兵與戰略導彈部隊、海軍彈道導彈潛艇部隊一起，構成戰略核威懾力量。戰術轟炸航空兵裝備輕型轟炸機，負責對敵方特種兵集群、導彈發射陣地、指揮通信樞紐、預備隊以及機場、港口、道路等實施攻擊。

殲擊轟炸航空兵是空軍編成內裝備殲擊轟炸機，遂行空戰和突擊地（水）面目標任務的航空兵。其裝備的飛機除具備殲擊機的特點外，還具備了轟炸機的一些性能，故名為殲擊轟炸機（亦稱戰鬥轟炸機），機載武器兼容了殲擊機和轟炸機的裝備。擔負的主要作戰任務是：壓制和摧毀敵方戰役戰術縱深目標，對己方陸軍、海軍和空降部隊的作戰行動進行空中火力支援，參加奪取制空權的戰鬥。

強擊航空兵是裝備有強擊機，以低空、超低空抵近攻擊地面、水上目標為主要手段遂行作戰任務的航空兵。擔負的主要作戰任務是：以航空火力支援地面部隊作戰，攻擊和消滅敵方戰術、戰役縱深內的指揮機構、防禦陣地、戰術導彈、坦克和裝甲戰車、有生力量和設施等；破壞和封鎖敵方交通運輸線；突擊和消滅敵登陸部隊、水面艦艇和空降兵；參與爭奪制空權，破壞敵方機場及飛機，摧毀敵方雷達和通信導航設備；實施航空偵

▲ 轟炸機編隊

察。

　　偵察航空兵是遂行偵察任務的航空兵，具有高速機動和遠程偵察能力，是軍事偵察的重要力量。偵察航空兵由專業偵察飛行部隊和其他航空兵的偵察飛行分隊及情報處理機構組成，基本編制單位為聯隊或團。擔負的基本任務是：查明敵政治、經濟、軍事、交通等重要目標的情況；查明敵兵力部署和地面防空火力分佈及活動情況；掌握敵電子戰設備的性質、位置和技術參數，獲取敵無線電通信及電磁信號等情報；檢查己方偽裝情況和對敵突擊效果。遂行任務的主要方法是成像偵察、電子偵察和目視偵察，裝備的飛機有戰略偵察機、戰術偵察機、偵察直升機和無人駕駛偵察

▲ 準備起飛的運輸機編隊

機等。

運輸航空兵是主要遂行空中輸送任務的航空兵，編成內一般裝備大型運輸機，另有一定數量的運輸直升機。運輸航空兵具有快速、機動、廣泛、遠程輸送能力和超越地理障礙等特點，是保證軍隊快速反應和機動作戰的重要空中力量。擔負的主要任務是：保障部隊空中機動和空降作戰，空運空投人員、裝備、物資，進行空中救護、補給、通信、偵察，實施敵後作戰支援。和平時期，可擔負民用航空運輸、專機、搶險救災、航空測量等任務。按裝備和擔負的任務，可分為戰略運輸航空兵和戰術運輸航空兵。戰略運輸航空兵主要用於洲際空運人員、裝備、物資和空降、空投，實施全球性的快速機動。戰術運輸航空兵主要用於戰役戰術空運、空降、空投。

空軍航空兵主要擔負國土防空、對敵後實施空襲、進行空運和航空偵察等任務，具有高速機動、遠程作戰和猛烈突擊的能力，可獨立或協同其他兵種遂行作戰任務。在過去相當長的時期裡，航空兵主要是支援陸軍、海軍作戰。隨著裝備技術水平和戰爭形態、作戰樣式的演變，現代化航空兵不僅能與其他軍種實施聯合作戰，還能獨立遂行戰役、戰略任務，對戰爭的進程和結局產生重大影響，成為現代國防和高技術局部戰爭中一支重要的戰略力量。

空軍航空兵也是人民空軍的主體組成部分，包括殲擊航空兵、強擊航空兵、轟炸航空兵、運輸航空兵、偵察航空兵和預警、加油、電子戰、搜救等各種專業航空兵部隊。一九四九年八月，中國人民解放軍組建第一個飛行中隊，擔負北平的防空任務，並參加了中華人民共和國開國大典。一九五〇年六月十九日，人民空軍第一支航空兵部隊——空軍第四混成旅在

南京成立。

抗美援朝戰爭中，人民空軍航空兵一步跨入噴氣時代，部隊規模迅速擴大，先後組建二十八個航空兵師、七十個航空兵團、七所航空學校，配備各型飛機三千餘架。

六十多年來，人民空軍航空兵經歷了抗美援朝、國土防空、解放沿海島嶼、南疆邊境作戰等一系列戰鬥的考驗，完成了重大戰備、演習、演練、支援國家和地方建設等行動任務。從抗美援朝建立「米格走廊」，到抗震救災鍛造「空中生命線」；從一江山島戰役空中支援，到「和平使命」系列軍事演習中的聯合作戰……每逢執行重大任務，人民空軍航空兵都全程使用，取得了輝煌的戰績。

歷經六十多年的發展，特別是改革開放三十多年來，人民空軍航空兵部隊的兵力結構不斷優化，武器裝備從機械化向信息化快速轉型。特別是二十世紀九〇年代後，中國空軍航空兵裝備了具有世界先進水平的作戰飛機，具備了全天候、全空域、大縱深、高速度、超視距作戰能力。為了檢驗訓練成果，二〇〇〇年八月，人民空軍組織了一場帶有實戰背景的大規模多兵（機）種合同戰術實兵實彈對抗性演練。這次演練集中了空軍的主戰裝備，首次在合同戰術演練中設置了較為複雜的電磁環境，首次以最新戰機組成「藍軍」分隊與部隊輪番對抗，首次按作戰程序組織多支部隊長途奔襲。二〇一一年初夏，人民空軍組織了歷史上規模最大、要素最全、信息化程度最高的一場體系對抗演練，來自多個軍區空軍的多兵機種部隊組成紅藍雙方，擺兵佈陣，激烈攻防。

▌地空導彈兵

　　地空導彈兵是裝備地空導彈武器系統，遂行防空作戰任務的兵種或部隊。通常由火力分隊、技術保障分隊、指揮分隊和其他勤務分隊編成。裝備有高中低空、遠中近程地空導彈武器系統，能在晝夜間和複雜氣象條件下抗擊敵機、飛航式導彈的空襲。如今，世界上已有九十多個國家的軍隊中編有地空導彈兵（或部隊）。各國地空導彈兵的隸屬關係、體制編制和裝備不盡相同。多數國家地空導彈兵按建制分屬空軍、防空軍和陸軍。

　　地空導彈兵擔負的主要任務是：保衛國家政治經濟中心、軍事要地、交通樞紐、軍隊集團以及其他重要目標，參加爭奪制空權的鬥爭。通常同

▲ 空軍地空導彈兵第一營成立會址

殲擊航空兵、高射砲兵共同遂行防空作戰任務，也可單獨作戰，是國土防空和野戰防空的重要力量。

地空導彈兵的主要作戰特點是：地空導彈武器系統火力強、制導精度高、殺傷威力大；具有全天候、遠距離、全高度作戰能力；高新技術密集，自動化程度高，從搜索、跟蹤目標、判明目標性質到發射導彈、摧毀目標均可實現自動化；作戰反應速度快，整體協同要求高。

在世界範圍內，中國是裝備地空導彈武器系統最早的國家之一，也是在實戰中使用地空導彈武器系統取得戰果最早最多的國家之一。

人民空軍地空導彈兵組建於一九五八年十月。翌年十月七日，擔負戰備僅半個月的人民空軍地空導彈兵就打下了入侵大陸的臺灣國民黨空軍RB-57D 型高空戰略偵察機。二十世紀六〇年代，針對臺灣當局使用高空偵察機對大陸縱深頻繁的戰略偵察，人民空軍地空導彈兵為尋求戰機，在廣泛的地域實施機動作戰，靈活運用各種戰術戰法，先後擊落 U-2 高空偵察機五架、無人駕駛高空偵察機三架。七〇年代以來，國產地空導彈武器系統陸續裝備部隊，人民空軍地空導彈兵數量和規模不斷發展壯大，形成了比較完善的要地防空佈局。

上世紀九〇年代以來，人民空軍地空導彈兵部隊又陸續裝備了一批命中精度高、作戰反應快、射擊範圍大、攻擊目標多的新一代地空導彈兵器。如今，人民空軍地空導彈兵的地面防空武器裝備也由過去的單一型號兵器向多型號兵器協同作戰發展；作戰空域由中近程、中高空防空向遠中近程、高中低空作戰發展；作戰任務由重點要地防空向區域防空、支援陸海軍作戰和支援空中進攻作戰發展。

▌雷達兵

　　雷達兵是以雷達為主要裝備，獲取空中、海上或地面目標情報的兵種或專業兵，分別隸屬於各軍種。作為兵種，通常設有領導機關，編有部隊、院校、科研機構。雷達兵是國家防空體系和空軍指揮系統的重要組成部分，也是軍隊作戰指揮和武器控制的重要保障力量。主要擔負以下任務：

　　警戒偵察──發現空中、海上和地面目標，測定其方位、距離和高度等坐標，識別其種類、用途、型號和敵我屬性；對敵方目標進行跟蹤，掌握其運動要素和行動特點，判定其威脅程度；向軍隊指揮機關、作戰部隊以及民防機構報知敵方目標的情報。

▲ 一九五〇年四月二十二日，空軍第一個雷達營在南京成立。圖為我軍第一部雷達。

目標引導——引導己方的航空兵截擊空中、海上和地面的敵方目標；引導己方的艦艇截擊敵方艦艇；為對空、對海和對地作戰的砲兵、導彈兵指示射擊目標。

武器控制——對攻擊的目標進行連續跟蹤，並將測定的目標數據傳送給指揮儀或電子計算機，進而控制火炮或導彈，對空中、海上或地面目標進行瞄準射擊。

雷達兵的主要裝備有各種型號的警戒雷達和引導雷達。雷達兵通常按團、營（站）、連（站）的序列編制。歐美一些國家的雷達部隊編於空軍指揮控制系統的戰術控制大隊、中隊和支隊，支隊下轄若干雷達站。

由於擔負的任務不同，雷達兵部隊的隸屬關係、體制編制、遂行任務的方式也有所不同。對空警戒雷達兵，分別隸屬於空軍、防空軍、海軍航

▲ 警戒值班的空軍雷達兵

空兵、陸軍野戰部隊；對海警戒雷達兵，隸屬於海軍。對空、對海警戒雷達兵，一般按團、營、連（或站）的序列編成，通常沿國界線、海防線及其縱深地區部署，構成一至數道雷達警戒線；在重要地域和海域進行面狀部署，構成雷達網，組成區域或全國的雷達情報系統。地面偵察雷達兵，一般隸屬於陸軍偵察部隊、分隊，編成排（站）或班，分散遂行情報保障任務。武器控制雷達兵，一般以連、排為單位，在各軍種的砲兵或導彈部隊的建制內遂行作戰任務。

世界上第一部雷達是英國於一九三五年研製出的，一九三六年開始裝備部隊，並在泰晤士河口附近部署若干對空警戒雷達站，擔負警戒、引導任務。

人民空軍雷達兵是在陸軍防空情報組織的基礎上建立和發展起來的，主要任務是探測空中目標，報知空中情報。它是國家防空預警系統的主體，也是實施對空警戒偵察、航空管制和保障對空作戰指揮引導的主要力量。

一九四九年九月，中國人民解放軍第一個雷達隊在上海成立。當時，華東軍區淞滬警備司令部防空處抽調部分幹部，利用國民黨遺留的雷達裝備和技術人員，在上海市建立了人民解放軍第一個雷達隊。十月一日，開始擔負對空警戒任務。一九五〇年四月二十二日，第一個雷達營在南京成立，下轄五個雷達中隊，裝備警戒雷達和環視雷達數部。後來，又在上海、北京、瀋陽、廣州、杭州、安東等地成立了八個雷達營。一九五二年十一月十日，解放軍防空部隊第一個雷達團成立。此後，又在北京、廣州、安東、杭州等地成立了七個雷達團。到上世紀七〇年代，在全國範圍基本建成了比較嚴密的對空警戒雷達網和以主要作戰空域為中心的引導雷

達網。

自組建至今，人民空軍雷達兵先後參加了國土防空、抗美援朝、抗美援越等重大作戰任務，保障部隊擊落、擊傷敵機上千架，為奪取空中作戰和防空作戰的勝利發揮了重大作用。在保障訓練飛行、實兵演習、搶險救災、奧運安保等日常戰備任務方面，人民空軍雷達兵也作出了重大貢獻。二〇〇八年汶川地震救災中，第一支在災區展開救援的部隊就是空軍雷達兵。

目前，人民空軍雷達兵已由單一的對空警戒任務，發展到實施對空警戒偵察、保障作戰指揮引導和航空管制的多重任務；在全國範圍內構建了比較嚴密的雷達網，建立了能夠遂行多種任務的聯合空情預警探測系統。

空軍通信兵

　　空軍通信兵是空軍編成內擔負通信、導航和指揮信息系統保障任務的兵種，是空軍戰鬥力的重要組成因素。擔負的主要任務是：負責空軍各級地面、地空、空空通信業務，建立和保持通信聯絡；組織與實施導航保障；建立和管理指揮信息系統；負責通信電子防禦與通信設施防護，實施軍郵勤務；組織戰場無線電管理。空軍通信兵部隊編有固定、機動通信部隊以及通信裝備修理、裝備器材供應、教育訓練、科研等機構。主要裝備有各種通信裝備、導航裝備和指揮信息系統裝備。

　　第一次世界大戰末期，航空兵由一個兵種逐步發展成為獨立的空軍，空軍通信部隊也隨之產生並發展起來。第二次世界大戰後，空軍作為重點建設的軍種，規模和任務發生了很大變化，通信部隊的地

▲ 一九六四年六月九日，空軍授予空軍通信總站電話站某臺「紅色一號臺」榮譽稱號。

位、作用也不斷提高，成為空軍戰鬥力的重要組成部分。

人民空軍通信兵是在陸軍通信兵的基礎上創建、發展起來的。無論是防空作戰、演習訓練、空防警戒值勤，應對突發事件，還是部隊遂行搶險救災任務，都離不開通信兵的精心保障。人民空軍通信兵誕生不久，就擔負起保障中國人民志願軍空軍和防空部隊入朝作戰的通信任務，在專業人員不足、技術裝備落後、組織通信保障缺乏經驗的情況下，邊學邊幹，克服困難，保證了作戰指揮的順暢。人民空軍通信兵晝夜值勤、常備不懈，保障了作戰指揮通信順暢，多次出色完成了急難險重通信保障任務。

一九七六年七月二十八日，唐山發生強烈地震。震後二小時零八分，人民空軍通信兵冒著傾盆大雨架起震區第一部電臺，溝通了對外聯絡，為地方政府收發電報一百三十九份，對首批救災飛機進行了指揮引導。

二○○七年八月，「和平使命-2007」中俄聯合軍演在俄羅斯境內舉行，人民空軍通信兵首次成建制、成規模出國參加演習，通信導航良好場次率、信息暢通率達到百分之百，圓滿完成了演習保障任務，展現了人民通信兵的良好風貌。

二十世紀九○年代以來，人民空軍通信兵的地位和作用發生了巨大變化，逐漸由傳統的保障力量發展成為高技術的信息作戰兵種，擁有多種先進指揮、通信導航手段，保障範圍實現了全疆域覆蓋。

▍空降兵

　　空降兵是以航空器為運輸工具，採用傘降、機降方式投入地面作戰的兵種或部隊，習稱傘兵。空降兵一般隸屬於陸軍，有些國家隸屬於空軍；最高建制單位大多數國家為師或旅，有些國家為軍。其編成內有步兵、砲兵、裝甲兵、工兵、航空兵、通信兵及其他專業部（分）隊。人員經過專門的空降訓練，裝備輕便，能傘降或機降。空降兵具有空中快速機動能

▲ 準備參加國慶六十週年首都閱兵的空降兵戰車方隊

力，能超越地理障礙和地面防線，直接進入敵後進行突然襲擊，是用於快速部署和縱深攻擊的重要力量。空降兵既能配合正面進攻（或登陸）部隊作戰，也能在敵後獨立作戰。其基本任務是：對敵方政治、軍事、經濟等戰略要地實施突然襲擊；奪取並扼守敵戰役、戰術縱深內的重要目標或地域；實施快速部署，應付緊急情況；在敵後進行特種作戰。

空降兵是現代化立體戰爭中的重要力量，是一支能超越地面障礙、實施遠距離奔襲、全方位快速機動作戰的部隊。中華人民共和國成立後，人民解放軍從陸軍中抽調一批戰鬥英模和選調經過戰鬥鍛鍊的師、團、營部，於一九五〇年七月組建第一支空降兵部隊，稱「空軍陸戰第一旅」，歸空軍建制。一九五一年九月，該旅改稱空軍陸戰第一師。一九五七年改稱空降兵師，六十年代初成立人民空軍空降兵軍。六十多年來，人民空軍空降兵不斷改進體制編制，改善武器裝備，加強軍事訓練，提高了現代條件下的空降作戰能力。

二〇〇〇年以來，空降兵正在實現由單一傘降作戰力量向空地合成作戰力量轉型，陸續裝備了傘兵突擊車、傘兵戰鬥車、自行榴彈砲、自行火箭炮、反坦克導彈發射車、系列化傘降專用設備、大中型運輸機、武裝直升機、運輸直升機、指揮信息系統和衛星定位、導航、通信系統，初步實現了主戰裝備機械化、作戰裝備空降化、戰場機動立體化，作戰能力向空中機動作戰、空中特種作戰、地面突擊能力拓展。人民空軍空降兵現已成為由砲兵、工兵、偵察兵、防化兵、導彈兵等十多個兵種合成、數十個專業密切協同的現代化特殊兵種部隊。

二〇〇四年七月，空降兵部隊首次進行摩托化步兵群成建制一體化實兵、實彈、實裝演習，演練了「空地一體、立體突擊、整體作戰、縱深打

▲ 傘降訓練

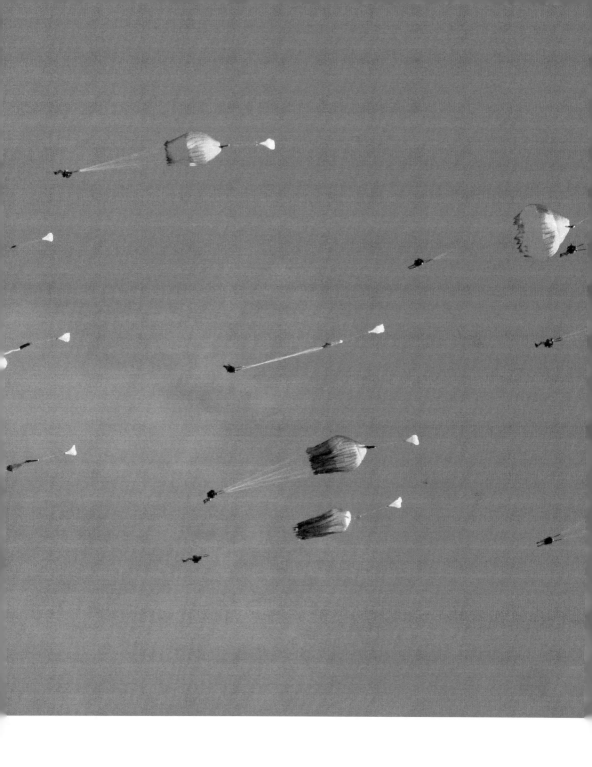

擊」的一體化空降作戰樣式，表明空降兵重型裝備成建制形成了作戰能力。

　　二〇〇八年九月，內蒙古朱日和訓練基地，在三十六個國家一百一十三名軍事觀察員的注視下，近百名空降兵隨戰車火炮從天而降，標誌著人民空軍空降兵徹底改變了「一人一傘一桿槍」、輕武器加迫擊炮的輕裝模式，遠程快速機動突擊能力躍上新的臺階。

其他兵種

　　人民空軍除以上五大傳統兵種外，主要兵種還有電子對抗兵、防化兵等。

　　空軍電子對抗兵是對敵實施電子對抗偵察、電子干擾和反輻射攻擊的專業力量，包括航空電子對抗部隊和地面電子對抗部隊。擔負的主要任務是：實施電子對抗偵察，提供電子對抗情報；干擾對方防空體系指揮、控制、通信和情報系統的電子信息系統、設備，掩護航空兵突防；干擾對方空襲部隊指揮、控制、通信、情報系統的電子信息系統、設備，掩護地面

▲ 空軍防化兵對機場實施煙幕遮蔽

重要目標；干擾對方空降地域反空降部隊無線電通信，支援空降部隊戰鬥；摧毀對方重要的電磁輻射源，保障航空兵突擊編隊遂行戰鬥任務。二十世紀七〇年代，人民空軍組建了第一支電子對抗部隊；九〇年代形成人民空軍電子對抗專業兵種。人民空軍電子對抗兵裝備電子干擾飛機、無人機和反輻射導彈，以及雷達對抗裝備、通信對抗裝備和光電對抗裝備。未來戰爭中，制信息權爭奪激烈，信息戰、電子戰將貫穿作戰全過程。因此，電子對抗部隊在人民空軍中的地位作用將不斷上升，在人民空軍兵力結構中的比重將進一步增大，反輻射攻擊手段和各類電子對抗裝備將得到更快發展，成為一支舉足輕重的作戰力量。

空軍防化兵是擔負防化保障和噴火、發煙任務，以及核、化學事故應

▲ 野戰條件下電子對抗裝備展開

急救援任務的兵種，由防化（觀測、偵察、洗消）、噴火和發煙等分隊組成。主要裝備有觀測、偵察、化驗、洗消、防護、噴火和發煙等專業技術裝備。擔負的主要任務是：實施核觀測、化學觀察、化學和輻射偵察，沾染檢查、劑量監督，消毒和消除沾染，實施噴火，組織煙幕施放；指導部隊和民眾對敵核、化學、生物武器襲擊以及次生核、化學危害的防護。一九五一年，人民空軍開始在場站設立防化分隊，之後逐步建立起各級防化部門和防化部隊，以及防化科研、訓練和裝備修理機構。在中國進行的歷次核試驗中，人民空軍防化兵擔負了空中輻射測量、核試驗煙雲取樣和飛機洗消等任務。目前，人民空軍實行以指揮機構和航空兵機場為保障重點，以群眾性防護為基礎、專業兵保障為骨幹、群專結合的防化保障模式。

第五章

中國人民解放軍空軍的主要裝備

二〇〇九年十月一日，在國慶六十週年閱兵式上，從預警機、加油機到殲-10、殲-11 殲擊機，人民空軍以百餘架清一色國產先進戰機的陣容，集中展示了新時期中國空軍裝備發展的成就。

　　人民空軍組建之初，幾乎完全靠從國外引進飛機和其他裝備。經過六十多年的不懈努力，中國空軍裝備從引進到自主研發，武器裝備漸成體系、漸成規模。進入新世紀後，中國空軍裝備實現了跨越式轉型發展，信息化、體系化、正規化程度不斷加深；從國土防空型開始向攻防兼備型轉變；以二代裝備為主體、三代裝備為骨幹的裝備結構已經形成，並開始向以三代裝備為主體轉變。

空軍裝備發展歷程

「開國大典閱兵時，十七架受閱飛機全部是繳獲的。」方槐少將是中國共產黨培養的第一代飛行員（抗戰期間在新疆航空訓練班學習），曾駕機參加了開國大典。老將軍回憶，人民空軍剛起步時，僅有侵華日軍和國民黨留下來的美、日、英三國製造的二十多個型號、一百五十九架破舊飛機。

一九四九年七月，毛澤東主席、中央軍委明確提出，加速人民空軍建立的步伐，所需的航空裝備和器材主要依靠從原蘇聯

▲ 由「空警-2000」預警機和八架殲-7GB型飛機組成的領隊機梯隊通過天安門廣場上空。

進口。同時，毛澤東等領導人以戰略家的眼光敏銳地感到：依靠進口飛機雖然解決了人民空軍初建時期的裝備急需，但從長遠看，要建設強大的人民空軍，必須走武器裝備國產化道路。

▲ 一九五四年十月六日，首批國產雅克-18型（後命名為初教-5型）飛機交空軍使用。

▲ 一九五六年九月二十七日，首批國產十架五六式（後改稱殲-5）噴氣式殲擊機裝備部隊。

　　從一九五六年開始，人民空軍就逐步裝備國產飛機。六〇年代初，中國航空工業開始進入了自行設計製造飛機的新階段。在中國航空工業發展和實現航空武器裝備國產化的過程中，人民空軍作為使用單位採取大力支持國內製造的方針，積極提出航空武器裝備發展的建議，參與型號研製、試飛試驗、鑑定定型工作。一九五四年至一九六九年期間，通過生產定型

的飛機主要有初教-5、殲-5、運-5、直-5、初教-6、殲-6、殲-7、殲教-5、轟-5、轟-6 等；發動機有渦噴-5、渦噴-6、活塞-5 等。

一九六九年七月五日，中國自行設計製造的第一種高空高速殲擊機——殲-8 飛機飛上藍天。這標誌著中國具備了自行研製新型殲擊機的實力，空軍裝備建設發展進入到一個新的階段。

到上世紀七〇年代中期，人民空軍基本實現了作戰飛機的國產化，初步形成製造、修理、保障體系，實現了空軍武器裝備建設的第一次飛躍。

一九七八年改革開放以後，人民空軍武器裝備建設進入新的發展階段。特別是進入八〇年代後，人民空軍一方面積極從國外引進先進的技術

▲ 一九六三年十二月五日，國產殲 -6 型飛機批量生產並陸續裝備空軍部隊。

裝備，另一方面抓緊武器裝備重點項目的研製和生產。

　　一九八四年十一月，空軍從美國引進「黑鷹」直升機；一九八五年八月，從蘇聯引進圖-154M型運輸機；一九八六年二月，從法國引進「超美洲豹」直升機。進入九〇年代以後，引進國外先進技術的速度加快，先後從蘇聯（俄羅斯）引進蘇-27飛機、C-300地空導彈等。

　　二十世紀八〇年代，以美國的F-15、F-16和蘇聯的蘇-27為代表的第三代作戰飛機逐步成為制空的主力。進入二十一世紀，美國進行了戰鬥機的更新換代，以F-22、F-35等為代表的作戰飛機將成為美國的空戰主力。人民空軍以殲-6、殲-7為主力的第二代作戰飛機，已遠遠不能滿足保衛國家主權、領土完整和安全的需要，研製世界一流水平的先進戰機迫在眉睫。

　　以宋文驄院士為首的科研人員整整奮鬥二十年，突破先進氣動佈局、數字式電傳飛控系統、高度綜合化航空電子系統和計算機輔助設計等關鍵技術，終於使達到世界先進水平的殲-10戰機飛上藍天。殲-10飛機研製成功並裝備部隊形成戰鬥力，標誌著中國航空工業研製能力和空軍武器裝備實現里程碑式的跨越，人民空軍的戰鬥力水平有了新的提升。

▲ 一九六七年三月，國產殲-7型飛機裝備空軍部隊。

航空裝備

航空裝備是為遂行空中作戰任務和實施保障而配置的各種裝備的統稱。空軍航空裝備是空軍裝備的主要組成部分，是空軍實施作戰的主要物質基礎，一般指飛機、直升機和航空彈藥。

飛機按推進裝置的類型，分為螺旋槳飛機和噴氣式飛機；按動力裝置的類型分為活塞式飛機、渦輪螺旋槳式飛機和噴氣式飛機；按飛行速度分為亞音速飛機、超音速飛機、高超音速飛機；按航程分為近程飛機、中程飛機、遠程飛機；按用途分為作戰飛機和保障飛機。作戰飛機包括殲擊機、轟炸機、殲擊轟炸機、強擊機、偵察機、預警機、電子對抗飛機、空中指揮機等；保障飛機包括空中加油機、軍用運輸機、軍用教練機、靶機等。

殲擊機

殲擊機是用於在空中消滅敵機和其他飛航式空襲兵器的軍用飛機，又稱戰鬥機。第二次世界大戰前曾廣泛稱為驅逐機。殲擊機的主要任務是與敵方殲擊機進行空戰，奪取空中優勢（制空權）。其次是攔截敵方轟炸機、強擊機和巡航導彈，還可攜帶一定數量的對地攻擊武器，執行對地攻擊任務。殲擊機還包括要地防空用的截擊機，但自上世紀六〇年代以後，由於雷達、電子設備和武器系統的完善，專用截擊機的任務已由殲擊機完成，截擊機不再發展。

殲擊機具有火力強、速度快、機動性好等特點，是航空兵空中作戰的

主要機種。早期的殲擊機是在飛機上安裝機槍來進行空中戰鬥的；現代殲擊機普遍裝有口徑二十毫米以上的航空機關炮，同時可攜帶多枚雷達制導的中距攔射導彈和紅外跟蹤的近距格鬥導彈，或命中率很高的激光制導炸彈以及其他對地面目標攻擊武器。如今的殲擊機最大飛行時速達三千千米，最大飛行高度二十千米，最大航程一般不帶副油箱為二千千米，帶副油箱時可達五千千米。目前，人民空軍裝備的殲擊機主要有殲-7、殲-8、殲-10和殲-11系列飛機以及蘇-27等進口型號。

殲-8D飛機是在中國自行設計製造的殲-8高空高速殲擊機基礎上研製的具備空中受油能力的全天候殲擊機，主要用於要地防空、空中格鬥和奪取制空權，同時兼備一定的對地攻擊能力。該型飛機的高空加速性、超音

▲ 殲-10戰鬥機

▲ 殲-11 戰鬥機

速機動性與第三代戰鬥機相當。

　　殲-10 飛機是中國自行研製的具有國際先進水平的新一代高性能、多用途、全天候殲擊機，主要擔負奪取空中優勢、實施對地突擊的任務。該型飛機維護性好、可靠性高，可配掛多種空空、空地導彈，配有先進的航空電子系統，具有突出的中低空機動作戰性能。

　　殲-11 飛機是中國採購俄方不同狀態的原材料和散件，按俄方許可證，在國內組裝生產的蘇-27CK 飛機。該機主要擔負奪取制空權、截擊和攻擊地（海）面重要目標等任務。飛機配裝二臺渦輪風扇發動機，採用腹部進氣道、雙垂尾正常式佈局及翼身融合體技術，全機共有十個武器外掛點。

轟炸機

轟炸機是攜帶空對地
武器對敵方地（水）面目
標實施攻擊的軍用飛機。
轟炸機除了投炸彈外，還
能投擲各種魚雷、核彈或
發射空對地導彈，具有突

▲ 轟炸機編隊

擊力強、航程遠、載彈量大等特點，是航空兵實施空中突擊的主要機種。
有多種分類：按執行任務範圍分為戰略轟炸機和戰術轟炸機；按載彈量分
重型（10 噸以上）、中型（5-10 噸）和輕型（3-5 噸）轟炸機；按航程分
為近程（3000 千米以下）、中程（3000-8000 千米）和遠程（8000 千米以
上）轟炸機。

在轟炸機的家族中還有一類，它既能執行轟炸任務，又能執行空戰任
務，被稱為戰鬥轟炸機，又稱殲擊轟炸機。二十世紀七〇年代後，美、蘇
（俄）、法等國的戰鬥轟炸機載彈量和航程相當於輕型或中型轟炸機，它
們裝有先進的電子設備和空對空導彈，飛行性能有所提高，空戰能力也遠
高於以前的專用戰鬥機。上世紀九〇年代以來，中國自行研製成功殲轟-7
飛機。

在中國人民空軍的建設發展史上，曾裝備過多型轟炸機。一九四九年
的開國大典上，就有二架「蚊」式轟炸機參加了空中閱兵梯隊。五〇年
代，中國從蘇聯引進了伊爾-28 和圖-16 轟炸機。從上世紀五〇年代末期
開始，中國先後生產了轟-5、轟-6。目前轟-5 已經退出現役，轟-6 飛機經
過幾十年的發展改型，已有多種型號。

▲ 轟-6 飛機

　　轟-6 飛機是中國自行改裝研製成功的第一代中遠程轟炸機，該機具備防區外精確打擊能力，主要擔負對中遠程地面目標實施精確打擊。

預警機

　　預警機，又稱空中指揮預警飛機，是為了克服雷達受到地球曲度限制的低高度目標搜索距離，同時減輕地形的干擾，將整套遠程警戒雷達系統放置在飛機上，用於搜索、監視空中或海上目標，指揮並可引導己方飛機執行作戰任務的飛機。大多數預警機有一個顯著的特徵，就是機背上背有一個大「蘑菇」，那是預警雷達的天線罩。

　　預警機最早出現在第二次世界大戰後期。當時美國海軍根據太平洋海空戰的經驗教訓，為了及時發現利用艦載雷達盲區接近艦隊的敵機，試驗將警戒雷達裝在飛機上，利用飛機的飛行高度縮小雷達盲區、擴大探測距離。於是，便把當時最先進的雷達搬上了小型的 TBM-3「復仇者」艦載魚雷機，改裝成世界上第一架空中預警試驗機 TBM-3W，它於一九四四

年首次試飛。空中預警機借由飛行高度,提供較佳的預警與搜索效果,延長了容許反應的時間與彈性。不過早期空中預警機受搭載人數與裝備的限制,除了具備早期預警的功能之外,最多可以另外提供非常有限的空中指揮與管制的能力。

隨著科技的發展,預警機的作用已經從單純的遠程預警擴展到空中指揮引導等功能。現代高技術戰爭中,沒有預警機的有效指揮和引導,要想組織大規模的空戰幾乎是不可能的。信息化戰爭正進一步提升著預警機的作用,二十一世紀的預警機超越了「千里眼」的範疇,它集偵察、指揮、控制、引導、通信、制導和遙控於一身,已經成為名副其實的「空中指揮堡壘」。經過幾十年的發展,目前世界上近二十個國家和地區已經裝備和研製的預警機有十幾種,在役的約有三百架。

中國空軍開展預警機的研製工作始於上世紀六〇年代末,當時的型號為空警一號,由於解決不了一些關鍵技術問題而中途夭折。進入新世紀

▲ 空警-200 飛機

後，中國啟動了空警-2000、空警-200 兩型預警機的研製，並先後完成試驗試飛工作。這兩型預警機是中國空軍在未來戰爭中實施預警探測、指揮引導和實現攻防兼備能力的重要武器裝備，它們的研製成功，標誌著中國信息化作戰能力的躍升，配套形成了預警機體系作戰和規模建設。

空中加油機

空中加油機是專門給正在飛行中的固定翼飛機和直升機補加燃料的飛機，它能使受油機增大航程，並且延長續航時間，增加有效載重，提高遠程作戰能力。空中加油機多由大型運輸機或戰略轟炸機改裝而成，加油設備大多裝在機身尾部或機翼下吊艙內，由飛行員或加油員操縱。

一九二三年八月，美國進行了航空史上第一次空中加油試驗。那時的加油過程全由人力操作，加油機高於受油機，靠高度差加油。第二次世界

▲ 轟油 -6 飛機

大戰後，空中加油機大量裝備部隊。

空中加油機對提高航空兵部隊戰鬥力有著重要的作用，主要表現在五個方面：一是可增大飛機作戰半徑。採取空中加油，可以使戰機在不著陸條件下完成燃油補充。據統計，經過一次空中加油，轟炸機的作戰半徑可以增加百分之二十五至三十；戰鬥機的作戰半徑可增加百分之三十至四十；運輸機的航程差不多可增加一倍。如果實施多次空中加油，作戰飛機就可以做到「全球到達，全球作戰」。二是可增大飛機有效載荷。飛機可以最大限度地載彈，從而提高作戰效能。三是可延長執勤機留空時間。四是可提高快速機動能力。空中加油機的支援，使各類飛機得以實施遠距離不著陸飛行，避免了轉場起降帶來的延誤和不便，大大提高了航空兵的遠程機動和快速反應能力。五是可救援缺油飛機。對因缺油斷油而可能失事的飛機，進行空中緊急加油，就可使其順利返航。

中國空軍現裝備的空中加油機是轟油-6。轟油-6加油機是在轟-6平臺上研製的，是中國自行改裝研製成功的第一代空中加油飛機。該機可在晝、夜間多種氣象條件下，由地面或自身導航設備引導，與受油機對接並實施空中加油，具備同時為二架受油機實施空中加油的能力。該機左、右外翼下懸掛加油吊艙，採用軟管—錐套式空中加油系統。

教練機

教練機通常專指訓練飛行員的飛機。教練機一般有著獨特的構造特點，其座艙內一般安裝兩個座椅和兩套聯動的飛機、發動機操縱機構，分別供教員和學員使用。座椅的排列方式有並列式和串列式兩種：並列式是在同一座艙內教員與學員並列而坐，便於教員及時細緻地了解學員的操縱

動作和反應能力等情況；串列式的兩個座椅分別安裝在前後毗連的兩個單人座艙內，學員在前艙，教員在後艙，前、後艙內裝有同樣的操縱機構和儀表板，後艙座椅比前艙座椅略高，便於教員瞭望飛機前方。教練機按飛行訓練程序形成系列，通常分為初級訓練教練機、基礎訓練教練機和高級訓練教練機三種。

　　人民空軍成立前，曾擁有接收的日偽空軍九九式高教機，還繳獲有國民黨空軍的 PT-19 教練機，其中有二架參加了一九四九年開國大典閱兵。一九五八年七月，中國自行研製的第一架噴氣式飛機殲教-1 首飛成功；八月，中國第一架自己設計、製造的螺旋槳初級教練機初教-6 首飛成功。上世紀六〇至八〇年代，中國陸續研製成功殲教-5、殲教-6、殲教-7、轟教-5；九〇年代以後，又研製成功教-8、強教-5、殲教-9「山鷹」、L-15「獵鷹」教練機。

▲ 教 -8 飛機

教-8 飛機是中國和巴基斯坦共同開發，由中國設計製造的一種新型教練機，也是中國第一種與國外合作研製、以外銷為主的教練機。該機主要用於空軍飛行院校飛行駕駛技術和戰鬥技術訓練，在提高飛行員飛行訓練水平的同時，具備較好的訓練效率和經濟效益。

直升機

直升機是依靠發動機驅動旋翼飛行的航空器。旋翼不但提供升力和拉力，還實現操縱，這是直升機與固定翼飛機的主要區別。它能垂直起落、空中懸停和定點回轉，並能前飛、後飛和側飛；起降不需要專用跑道，能在艙外吊運物資飛行，還能貼近地面作機動飛行。

▲ 一九六三年，首批國產直-5型飛機裝備空軍部隊

▲ 訓練中的直升機梯隊

一九五六年十月，中國同蘇聯簽訂了生產米-4 直升機的合同，後來定名為直-5。在此基礎上，一九六五年以後先後研製了六種直升機，除直-8 外，其他五種都未能投入生產。一九八五年，開始以直-8、直-9、直-11 等平臺為基礎的幾十個型號的研製。一九八八年十一月，武裝直升機直-9B 首飛成功；一九九六年五月開始批量生產裝備部隊。目前，中國空軍的直升機主要有直-8、直-9、米-17 等型號。

軍用運輸機

軍用運輸機是用於運送軍事人員、武器裝備和其他軍用物資的飛機，具有較大的載重量和續航能力，能實施空運、空降、空投，保障地面部隊從空中實施快速機動；有完善的通信、導航設備，能在晝夜複雜氣象條件下飛行。軍用運輸機按運輸能力，分為戰略運輸機和戰術運輸機。前者主

▲ 一九五七年十二月，空軍開始裝備國產運-5型運輸機。

要用於在全球範圍載運部隊和重型裝備，實施全球快速機動；後者用於在戰役戰術範圍內遂行空運、空降、空投任務。

　　人民空軍成立之初，主要使用接收的國民黨空軍美製 C-46、C-47 運輸機，後來主要靠引進蘇聯的運輸機。一九五七年生產了運-5 小型短程飛機。運-5 載重量小、航程短，遠遠不能滿足軍事運輸的需要。一九七

〇年十二月，在安-24 的基礎上研製生產的雙發渦輪螺旋槳中短程運-7 運輸機成功投入使用。一九六九年十月開始研製運-8 飛機；一九七四年十二月，起飛重量達六十噸的運-8 飛機首次試飛成功。在自行研製的同時，中國空軍還從國外引進了部分運輸機：一九六六年開始引進安-12B 運輸機；一九六九年開始引進安-24B 運輸機；一九七四年開始引進安-24PB；一九七三年開始引進安-26 運輸機；一九八四年開始引進圖-154 和伊爾-76 運輸機。

航空彈藥

航空彈藥是裝掛在飛機、直升機上的各種彈藥的統稱，主要包括機載導彈、航空炮（槍）彈、航空火箭彈、航空炸彈、航空魚（水）雷等。機載導彈包括空空、空地導彈。航空炸彈按有無制導裝置，分為制導炸彈與非制導炸彈；按裝藥的不同，分為裝普通炸藥和煙火藥的常規炸

▲ 霹靂 -2 號空空導彈

地空導彈武器系統

彈、特殊裝藥的非常規炸彈。

　　一九五八年至一九六三年，中國在蘇聯 K-5 空對空導彈的基礎上，成功研製出霹靂-1 導彈。該導彈採用雷達波束制導，可全天候使用，主要用於攻擊中型轟炸機。一九六四年至一九七〇年間，在霹靂-1 的基礎上，又成功研製出霹靂-2、霹靂-2A、霹靂-2B。一九八〇年，中國自行設計研製的第一種紅外制導空空導彈霹靂-3 定型。之後，霹靂-4、霹靂-5、霹靂-6、霹靂-7 等多個系列空空導彈相繼研製成功。進入新世紀以來，又有多型空空導彈研製試驗成功。在這一時期，多型遠程空地導彈的研製成功，使得中國空軍形成了遠、中、近程搭配，多型號、多系列相互補充的空空、空地導彈體系。

地空導彈武器系統

　　地空導彈武器系統是從地面發射、攻擊空中目標的導彈武器系統，由地空導彈、目標搜索跟蹤系統、制導系統、發射控制系統、指揮控制系統、供電設備和技術保障設備等組成，具有自動化程度高、反應時間短、作戰空域大、制導精度和殺傷概率高等特點。目前世界各國對地空導彈武器系統的分類方法和標準不盡相同。通常按射高分為高空（大於 15 千米）、中空（6-15 千米）、低空（小於 6 千米）；按射程分為遠程（大於 100 千米）、中程（20-100 千米）、近程（小於 20 千米）；按同時攻擊的目標數量，分為單通道和多通道；按地面機動性分為固定式、半固定式和機動式，其中機動式又分為牽引式、自行式和便攜式。隨著地空導彈裝備和技術的不斷發展，其武器系統分類方法和標準還將出現新的變化。

　　二十世紀四〇年代初，高空轟炸機對各國的防空構成極大威脅，而高射炮不能對其實施有效打擊。於是，德國、美國、英國等國的防空武器專家提出利用雷達引導可控飛行器的構想，形成了地空導彈的基本設想。德國是最早研製地空導彈的國家，第二次世界大戰後期試制了「龍膽草」、「萊茵女兒」、「蝴蝶」和「瀑布」等地空導彈，但未投入使用便戰敗投降。二戰後，美、蘇、英等國在德國技術的基礎上，各自獨立地進行了地空導彈武器的研製工作。

　　上世紀五〇年代末，為了適應國土防空作戰的需要，提高地空導彈科研水平，中國從蘇聯引進了當時世界上最先進的地空導彈——薩姆-2（SA-2，蘇聯編號 C-75），並隨即開始了全面研製生產地空導彈的歷程。

▲ 參加國慶六十週年首都閱兵的紅旗-9 地空導彈方隊

六〇年代中期，中國研製成功「紅旗一號」地空導彈武器系統，這是中國生產的第一種地空導彈。不久，又在「紅旗一號」的基礎上改進研製成功「紅旗二號」地空導彈武器系統。

一九七八年，中國從國外引進「響尾蛇」（Crotale）地空導彈武器系統；一九七九年之後，陸續研製生產出紅旗-7、紅旗-9 等多種型號的地空導彈。在二〇〇九年國慶閱兵式上首次亮相的紅旗-9、紅旗-12 兩型國產防空導彈，是中國防空部隊重要作戰裝備。兩型導彈進一步優化了人民空軍地面防空力量的整體裝備結構，彌補了原來高低兩端的防空火力不足，提高了地面防空的綜合抗擊效能和整體防禦水平。

▲ 國產紅旗-12型地空導彈

紅旗-9 地空導彈武器系統

紅旗-9 地空導彈武器系統是中國首次自行研製的具有完全自主知識產權的第三代中高空、中遠程地空導彈武器系統,主要擔負要地防空任務。該導彈武器系統採用復合制導體制,具有全天候作戰能力,機動性能較強。

紅旗-12 地空導彈武器系統

紅旗-12 地空導彈武器系統是中國自主研製的中高空、中遠程防空武器系統,主要擔負國土防空和野戰防空任務。該型地空導彈武器系統採用遙控制導體制,具有全天候作戰能力,機動性能較強。

▌雷達裝備

　　雷達是利用電磁波發現目標並測定其位置和有關信息的電子設備。在軍事上，雷達是現代戰爭不可缺少的電子技術裝備，在預警探測、武器控制、偵察、測量、航行保障、氣象觀測、敵我識別等方面獲得廣泛應用。空軍雷達武器裝備包括對空情報雷達、機載雷達、預警機雷達、地面防空武器火力控制雷達、航空管制雷達、氣象雷達、天波超視距雷達、導彈末制導雷達、二次雷達（空管雷達信標系統）與雷達情報自動化處理系統

▲ 國產警-21 雷達

等。

雷達在空軍作戰、訓練中得到廣泛應用，主要包括以下種類：

一是預警探測類雷達。主要用於搜索、監視與識別空中目標並確定其坐標和運動參數。提供的情報主要用於發佈防空警報、引導殲擊機截擊敵方航空器和為防空武器系統指示目標，也用於保障飛行訓練和飛行管制。安裝在預警機上的雷達還兼有警戒和引導等多種功能。超視距雷達能及早發現剛從地面發射的彈道導彈和低空飛行的飛機、巡航導彈等目標。

二是武器控制類雷達。（一）炮瞄雷達：用於高射炮武器系統，自動跟蹤空中目標，連續測定目標坐標實時數據，並通過射擊指揮儀控制高炮瞄準射擊；（二）地空導彈制導雷達：用於引導和控制地空導彈的飛行；（三）機載截擊雷達：安裝在殲擊機、殲擊轟炸機上，主要用於為發射空空導彈、火箭彈和航炮瞄準等提供目標數據；（四）機載轟炸雷達：安裝在轟炸機上，主要用於對地（水）面目標進行瞄準轟炸、為空地導彈制導，也可用於領航；（五）導彈末制導雷達：安裝在導彈上，在導彈飛行的末段，自動控制導彈飛向目標。

三是空中偵察與地形測繪類雷達。這是一種機載雷達，提供地（水）面固定目標和運動目標的位置和地形資料，具有很高的分辨能力，可獲得清晰度很高的圖像。

四是航行保障類雷達。（一）航空管制雷達：探測、收集並向飛行管制中心傳送責任空域內飛行器的位置、屬性和其他信息，保障飛行管制的需要；（二）航行雷達：安裝在飛機上，用於觀測載機前方的氣象狀況、空中目標和地形，保障飛機準確航行和飛行安全；（三）多普勒導航雷達：利用多普勒原理專門精確測定載機的偏流角和地速，為載機提供導航

▲ 305B 型機動雷達

信息，還可為射擊、轟炸系統提供所需數據；（四）地形跟隨和地形迴避雷達：安裝在飛機上，用來探測載機前方地形變化、顯示地物，提供控制飛行信息，保障飛機低空、超低空飛行安全。

五是氣象觀測類雷達。為保障航空、高射炮射擊以及其他軍事行動提供氣象情報。

　　中國空軍最早使用的對空情報雷達，全部是繳獲的美製和日製舊雷達。抗美援朝戰爭結束後，中國先後從蘇聯引進Π-8、Π-20、「卡諾司」、Π-15、Π-30、Π-35 等多種制式雷達。此後，空軍對空情報雷達裝備經歷了引進蘇聯雷達裝備和自行設計的時代，形成了較完善的系列，其中包括：用於國土防空的中高空警戒雷達系列；具有動目標顯示系統、能抑制地面雜波的低空雷達系列；配高制兩坐標引導雷達系列和配高雷達系列。

　　近年來，中國空軍的雷達裝備研究發展不斷取得突破性的進展。在二〇〇九年國慶閱兵中亮相的兩型預警機以及 305A、305B 兩型機動雷達，是人民空軍雷達裝備的典型代表。

305A、305B 雷達是中國自主研製生產的新型機動式三坐標引導雷達，主要擔負對空監視任務與空情保障任務。兩型雷達具有探測性能優良、功能完備、抗干擾和生存能力強、可靠性高、實用性好和自動化程度高等特點，是人民空軍現役主戰雷達裝備。

第六章

和平時期的使命

全心全意為人民服務是中國人民解放軍的宗旨。人民空軍從成立那天起，就忠實地踐行著這一宗旨。在和平時期，人民空軍積極發揮軍種優勢，在完成戰備和訓練任務的同時，廣泛參加國家經濟建設、搶險救災，為促進國家發展、挽救人民生命財產發揮了重要作用，作出了巨大貢獻。

▍搶險救災

黃河炸凌

黃河，這條中國的母親河，每年春天隨著氣候的回暖，上游漸漸解凍，河水推著大量冰凌直衝而下。然而，此時內蒙古境內的黃河冰層卻還未融化。於是，上游流下的冰凌就會在內蒙古境內迅速堆積起來，形成一道道堅固異常的天然凌壩。這一雪白的自然奇景無比壯觀，卻危害極大。

滔滔不絕的黃河水奔湧至此，突然被擋住了去路，水位就會越積越高。整個河套地區的數十萬人民和一百多萬畝良田，還有大量的工業生產

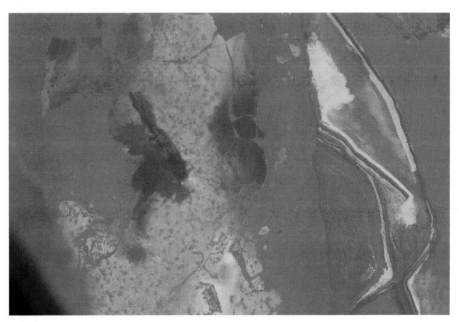

▲ 黃河炸凌

設施和各種機構都會遭受嚴重威脅……

一九五一年初春，內蒙古包頭地區出現凌汛險情，在不長的河槽內結成了三十餘道凌壩。這些凌壩大的長達兩三千米，寬到一千米，冰凌厚二三米，有的達五六米。這些冰越疊越厚，如同一座座小冰山，嚴實地擋住下瀉的河水，使得黃河水位一夜之間驟升一二米。當時，砲兵用迫擊炮轟擊未能奏效，有的地段洪水開始越堤氾濫，部分居民的房屋被淹。時任政務院總理的周恩來接到災情報告後，立即指令空軍派飛機前往協助炸凌。

險情刻不容緩。幾天後，四架圖-2飛機趕到了包頭災區，迅速投入戰鬥。人民空軍在連續七天的「戰鬥」中，共出動飛機三十七架次，投彈二百五十一枚。這些炸彈精確地投到了凌壩上，頓時天崩地裂，冰柱連

▲ 一九五一年三月，空軍首次使用飛機轟炸黃河冰凌。從此，炸凌成了中國空軍每年的例行任務。

天。凌壩被炸開十一處缺口，冰凌順流而下，黃河重新貫通，河套地區的人民和萬頃良田免遭洪水災害。

從此以後，每年春天，一場與凌壩的戰鬥都會打響，至今已六十年。除了河套地區外，空軍還出動轟炸機在黑龍江阿爾木地區、海拉爾地區以及渤海灣油井區等地轟炸冰凌，解除河（海）水威脅。六十年來，空軍戰機越來越先進，炸彈威力也越來越大，炸凌成為展示和提高轟炸航空兵轟炸水平的一次次例行任務。正是有人民空軍的出色行動，才降服了黃河和其他地區的凌汛災害，保障了人民的生命財產安全。

抗洪搶險

中國江河湖泊眾多，洪災每年都要光顧，歷史上曾經吞噬了難以計數的生命和財產。

中華人民共和國成立後，長江、淮河中下游以及河南、四川、陝西、遼寧、湖北、廣東等地曾多次發生特大洪水災害。六十多年來，人民空軍參加的重大抗洪救災行動就有十二次之多，橫貫中國南北地區。

一九七五年七、八月間，河南和湖北地區暴雨成災。四座大中型水庫、六十四座小型水庫被盡數沖毀，京廣鐵路被衝斷，數百萬群眾被困。空軍迅速投入各型飛機一百二十八架、車輛七一〇三臺次、地面部隊三千八百多人參與救災，共空運救災部隊六千多人、其他救災人員二一八二人，緊急空運空投各種物資五一四三噸，搶救災民一點九七萬人。這次行動，空軍航空兵運輸部隊和空降兵部隊的貢獻和付出最大。航空兵運輸部隊出動飛機二十八架，飛行一〇四四架次，空運空投救災物資三千三百多噸。空降兵部隊二千三百多名戰士在駐馬店重災區與洪水連續對抗十八

▲ 一九九八年夏，空軍部隊官兵參加長江抗洪搶險。

天，救出了四三二一名群眾。他們還將被水沖走的五千六百多米鐵軌搬回原處，修復了長達八點三千米的鐵路和一個車站，為恢復南北交通大動脈立了大功。

　　一九九八年，長江中下游沿岸和嫩江、松花江流域出現百年不遇的特大洪澇災害。空軍迅速投入了這場迄今規模最大的抗洪救災行動，先後出動官兵二十多萬人次、飛機一千多架次，空運物資數千噸、抗洪救災人員近二萬人，運送土石方二十多萬立方米，加固堤壩二十九點一萬米，搶救遇險災民一萬多人。

抗震救災

中國是地震多發國家。六十多年來,人民空軍參加的重大抗震救災行動就有十一次之多。空軍因其所具有的迅速機動、超越地表等能力,而成為歷次抗震救災行動中不可或缺的力量。

一九七六年的唐山大地震,在中國地震史上是一次空前的浩劫。一夜之間,這座新興的工業城市幾乎驟然毀滅,二十三萬同胞永遠告別人間!

國務院和中央軍委一聲令下,空軍從瀋陽、北京、武漢、濟南軍區調集一百六十八架救災飛機,帶著災民急需的油氈、帳篷、雨布、大餅、饅頭、餅乾等物資火速飛往震區。

作為當時唐山市唯一的空中通道——空軍唐山機場面臨著巨大的挑戰。光靠白天起降完全不夠,空軍用最快的速度從外地調來許多探照燈,把跑道照得通亮,當天晚上就實現了夜航。這時,從各地來的數百架飛機,機型多達十三種,它們飛行速度、高度各異,任務也不一樣,飛機調度成了另一個難題。空軍唐山機場調度室處變不驚,研究出一套建立左右航線、雙向起降的辦法,也就是在僅有的一條跑道左右兩邊建立航線,跑道兩頭可以起降。出航的飛機走左航線,降落的飛機走右航線,配好高度差,安排好梯次。據統計,在震後的十四天中,小小的唐山機場起降飛機竟達到二千八百多架次。

在唐山地震救災中,空軍共飛行二四七八架次,向災區緊急空運救災人員五八七四人,空運各類救災物資二萬餘噸,緊急轉運傷員二萬多人。空軍地面部隊冒著餘震危險,從廢墟中救出被壓埋群眾二八四六人。

不幸的是,唐山大地震浩劫空前,卻並非絕後。當時光進入二〇〇八年,在這個最應該安寧祥和的年份裡,在中國人萬眾一心期待北京奧運會

▲ 空軍駐唐山某部通信營在臨時搭起的帳篷內架設電臺，向上級及時報告震區情況。

開幕之時，一場更大的劫難不期而至。

二〇〇八年五月十二日十四時二十八分，四川汶川發生芮氏八點零級特大地震。頃刻間，山河變色，天崩地裂，無數生命生死未卜。軍委、總部向空軍下達了全力以赴支援災區的命令。一場中國有史以來規模最大的空中救援行動隨之展開，空軍各部隊以罕見的速度全力投入抗震救災。

在救災的攻堅階段，成都周邊的四個機場，幾乎每分鐘都有一架飛機呼嘯而起。此次救援行動，空軍出動兵力四十餘萬人次，派出各型飛機九十四架，飛行一千八百架次，空運物資四七三〇餘噸、人員一點七萬多人。有專家認定，這是空軍史上反應速度最快的非作戰空運行動。大規模的空運和空投，有效緩解了受災地區缺醫、缺藥、缺水、缺食品的困難。

在這次行動中，空軍航空兵部隊在陌生空域、未知氣象、無地面引導的條件下憑藉先進的機載設備、高精度的電子儀器和科學的空中管制，完成了一系列空運、空降、空投等急難險重任務，創造了人民空軍航空史上多項紀錄。特別是空降兵十五名空降勇士，冒著巨大的生命危險，從五千多米高空向不明地形的震中地區跳下，建立起震中重災區與外界的聯繫。

五月十三日凌晨，空降兵部隊接到命令：準備在與外界斷絕聯繫的震中災區茂縣實施傘降，掌握情況，反饋信息，開闢空降空投場地。空降兵立即抽調一百名精兵強將組成戰鬥分隊，連夜準備後整裝登機。上午九時五十五分，飛機進入震中上空。然而，由於震後天氣和地形條件極度惡劣，不僅跳傘條件不具備，飛機也可能隨時出現意外，無奈只好返航。

災區人民急切盼望救援，偏偏天公不作美，出師不利。跳傘分隊官兵心頭像壓了一座山。十四日，雨大致停住，仍斷斷續續。氣象部門報告：中午時分，天氣有好轉的趨勢。空軍在災區指揮部的總指揮、空軍副司令

▲ 空降兵十五位官兵從五千米高空空降災區，為抗震救災工作提供了第一手情況。

員景文春命令跳傘分隊戎裝登機，嚴陣以待，自己則登上一架高空偵察機，親自升空偵察天氣。

十一時二十分許，天眼微睜，雲層撕開一條縫，下面正好是茂縣縣城。景文春果斷命令載著傘降小分隊的飛機立即起飛。十一時四十七分，飛機準確到達茂縣縣城正上方，瞅準雲層撕開的那道縫隙，第一批七人從五千米高空一躍而下。由於空降場地形複雜、面積狹小，小分隊必須分兩個批次傘降。飛機盤旋一圈後，第二批八人於十二時零八分跳離機艙。幾分鐘後，翻滾的雲霧就將這道開裂的雲縫完全合攏。

第一個跳出機艙的小分隊隊長李振波大校遇到了意外——主傘沒有打

開！他遇險不驚，沉著果斷地扔掉主傘，打開備份傘，及時化解了險情。二十分鐘後，十五名小分隊成員集結完畢。

當地群眾蜂擁而至，緊緊地圍著他們，抱著他們，熱淚盈眶地說，「我們有救了！」十五名隊員各司其責，迅速建立通信聯絡，源源不斷地把災區的各種情況匯報給救災指揮部。

憑藉閃電般的行動，空軍官兵在震後的二十三天內即搶救出倖存者三百二十八人，救治和運送傷病員九七六七人，轉移受困群眾一八八八六人……

應戰紅白災

在中國北方的內蒙古，人們管火災叫「紅災」，管雪災叫「白災」。「紅災」和「白災」產生的原因不一樣，卻都是北方地區的「常客」。面對這兩種災害，空中救援成為最為有效的救援手段，但極其惡劣的救援環境又總給空中救援行動提出極為嚴峻的挑戰。

一九五九年五月十日，內蒙古呼倫貝爾盟和海拉爾一帶草原起火，蔓延到原始森林，五百名滅火群眾被烈火圍困。空軍緊急派出兩架飛機前往營救。女飛行員伍竹迪等駕機穿過濃煙，飛越火海，找到被困群眾，空投了食品、衣物和滅火器材，並向他們通報火情，引導他們衝出了火海、撲滅烈火。這是空軍參加的第一次重大滅火行動。

美麗的大興安嶺是中國的綠色寶庫，但在一九八七年，它卻被一場特大火災所蹂躪。為及時撲滅這場建國以來最嚴重的特大森林火災，中央調集了陸海空三軍、森林警察、消防警察、專業撲火隊員、林區工人等近六萬人展開了一場多層次、多兵種、空地結合的救火行動。空軍派出的各型

▲ 一九八七年五月六日至七月一日，空軍直升機參加大興安嶺滅火救災。

飛機承擔了最為艱難的極限救援任務，它們在狂風中逆勢起飛，冒著隨時可能因缺氧而使發動機停車的危險在火海上空穿梭，在樹木茂密的林場起起落落……

　　大興安嶺救火行動，空軍共出動七十三架飛機，連續超強度飛行一〇五二架次，空運空投人員九七九一名、物資二百四十噸、風力滅火機二五九三箱，並在二萬平方公里範圍內成功實施了人工降雨。

　　由於駐軍遍佈各地，幾乎每年都會有空軍部隊參加滅火救災行動。一九五九年以來，空軍參加重大滅火救災行動數十次，出動各型飛機數千架次，在搶救人民群眾生命財產的同時，展示了出色的極限救援能力。

中國畜牧業的重要基地內蒙古和西北地區，在寒冷季節經常遭受暴風雪的襲擊。每次暴風雪災害後，空軍戰機總是衝破重重雪障，第一時間趕赴現場救援。

　　一九七七年冬，內蒙古錫林郭勒盟、烏蘭察布盟和吉林省科爾沁右翼前旗等十五個旗（縣）遭遇特大雪災，交通、通信中斷，二十七萬牧民和八七一萬頭牲畜被困雪中，糧草斷絕，情況十分危急。空軍從當年十月至翌年三月，先後派出運輸機、直升機三十六架，飛行一千二百餘架次，空運、空投物資九八九多噸，搶救、運送受災群眾一〇二〇人。

　　行動中，暴風雪氣象條件下實施極限救援的畫面幾乎每天都在上演：空軍運輸航空兵救災小分隊擔負運送中央和地方領導視察災情的任務，他

▲ 二〇〇八年一月至三月，中國南方發生罕見的雨雪冰凍災害，空軍派出運輸機緊急向災區運送救災物資。

們在能見度極差、風雪大、地標少等情況下，連續五天穿梭於暴風雪中，飛遍了每一個公社、牧點；安-26 機組在草地跑道被大雪覆蓋的情況下，安全著陸；瀋陽軍區空軍運輸團救災小分隊駕駛直升機，挑戰地形複雜、目標難辨、著陸困難等難題，在四百多個放牧點投下救災物資；北京軍區空軍運輸團的救災機組在惡劣的氣候條件下，一天連續飛行八小時執行任務……

一九八五年十月至一九八六年一月，全國唯一未通公路的縣——西藏墨脫發生百年罕見的嚴重雪災。駐川空軍部隊派出「黑鷹」直升機，繞道甘肅和青海，飛越唐古拉山，首次飛到「高原孤島」墨脫救災。那裡海拔四千七百米，最冷時零下四十度，屬於飛行器極限。在這種情況下，飛行員戰勝了無數難以想像的困難，四十二天裡飛了七十八架次，運送貨物八十四噸，給牧民們送去衣、食、茶、鹽等生活用品。

二〇〇八年初，中國南方大部地區遭遇雨雪冰凍災害。這種災情在南方幾乎前所未有，許多無法預料的特殊情況也紛紛出現。面對前所未有的挑戰，空軍出動各型運輸機三十九架，飛行一百三十八架次，運送首長及各類專業救災人員一千二百餘人，空運救災物資八三七噸，為幫助群眾戰勝災害立下了汗馬功勞。

抗擊飛蝗

飛蝗成災在中國古代就有記載，史稱蝗災氾濫時，「遮天蔽日，草木皆光」。據統計，二千六百多年來，中國共遭遇蝗災八百餘次。

一九五一年，河北、江蘇、湖北部分市縣發生蝗災，數百平方公里的土地上，蝗蟲如黑雲般壓來，又潮水似的湧去。飛蝗所到之處，糧食被洗

劫一空。雖然當地組織了大量人力開展滅蝗，終因蟲災範圍廣，飛蝗流動性大，人力撲打已不易扭轉嚴重的情勢。災情迅速上報到政務院，中央迅速下令空軍派出飛機協助滅蝗。

當年六月，空軍分別派出六架波-2 飛機、一架拉-5 飛機到河北等地執行滅蝗任務。執行任務前，部隊把飛機進行了必要的改裝，安裝了噴粉器等設備。飛行第一天，由於當時飛機的密封性能不好，在噴灑藥粉的過程中，大量藥粉被吸進飛機座艙，嗆得飛行員無法工作。第一天任務執行失敗。

當天晚上，飛機保障人員經過研究，找到了解決辦法：改大噴粉器上的螺距，將機身下部密封，藥粉出口處加裝翼面整流板。

第二天，飛機再次出動。進入目標區時，機身下部開始噴出濃密的白煙。瞬間，形成一股巨大而均勻的煙幕，逐漸籠罩了整個目標區。在飛機

▲ 滅蝗任務完成後，當地人民政府向部隊贈送錦旗。

掠過的航跡上，碰到藥粉和飛機渦流的蝗蟲紛紛墜落下來。

經過三天的加班飛行，蝗蟲災害得以有效遏制，成功地保住了大片農田裡的糧食及其他作物。

六十年來，中國空軍先後多次派出飛機參與滅蝗和滅蟲工作，為農業、林業生產挽回了巨大的損失。

▍支援國家經濟建設

飛播造林

　　一九五六年三月，人民空軍第一次派出飛機幫助廣東省林業廳進行飛播造林試驗並獲得成功。從那時起，空軍就把飛播造林作為支援國家建設的一項重要任務長期堅持下來。用飛機播撒種子造林，不僅速度快、省勞力、投入少、成本低，而且能夠深入到人力難以企及的地方，擴大造林綠化的區域。

　　一九八二年，中國領導人鄧小平作出「空軍要參加支援農業、林業建

▲ 軍民協作飛播造林

設的專業飛行任務，至少要搞二十年，為加速農牧業建設、綠化祖國山河作貢獻」的指示。空軍迅速組織運輸航空兵改裝了一批飛機，訓練了一批能夠執行飛播任務的機組，按照國務院及各省、區林業部門的統一規劃和要求，飛赴各地執行飛播造林和種草任務。

飛播隊員們憑著精湛的飛行技術，創造了中國飛播史上的一個個奇蹟：在中國「三北」防護林建設中，飛播造林二百多萬畝，形成了一百六十五個萬畝以上的連片綠化基地，播撒出一條長達四百公里的「綠色屏障」；在陝北榆林地區，播區的植被覆蓋率由原來的百分之一點五四上升到了百分之四十五點二，流動沙丘基本達到固定或半固定狀態；在內蒙

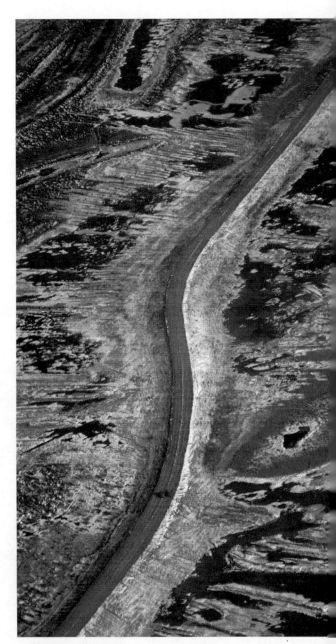

▲ 空軍執行航測任務

古阿拉善盟飛播造林二百九十萬畝，使當地植被覆蓋度由百分之五至十提高到百分之三十至四十，在騰格里沙漠東南緣與烏蘭布和沙漠西南緣形成兩條生物治沙鎖邊帶，成為保護巴彥浩特城區和賀蘭山最前沿的一道生態防線；在漢江、嘉陵江和丹江源頭上游地區飛播成林五百五十萬畝，建成了中國北方連片成林面積最大的飛播造林基地；在延安，飛播後群眾生活水平明顯提高，僅播區內牧草產量就是飛播前的十九倍，為發展畜牧業奠定了良好基礎。

近三十年來，空軍先後為全國十九個省區飛播造林、種草六七八〇萬畝，播撒草籽樹種九千八百餘噸。經檢查，種子發芽成活率超過國家規定的指標，取得了經濟、生態和社會三重良好效益。

航空測繪

航空攝影測量，是在飛機上用航攝儀器對地面連續攝取像片，結合地面控制點測量、調繪和立體測繪等步驟繪製出地形圖的作業。中國是一個擁有九百六十萬平方公里土地的大國，然而歷史上卻沒有一幅完整的國土勘測圖。中華人民共和國成立後，由於大規模生產建設的開展，迫切需要繪製出詳細、精密的全國地形圖，空軍承擔了這項任務。

由於中國國土遼闊，地形複雜，航測工作是一項龐大而艱巨的工程。從一九五五年到一九八三年，空軍的航測飛機從東海之濱到西南邊陲、從北國白山黑水到南疆椰林山寨，飛遍祖國大地，為國土度經量緯。他們經常在茫茫的大海、浩瀚的沙漠、遼闊的草原或冰川縱橫的世界屋脊上空作業，克服了許多常人難以想像的困難。經過二十八年的努力，共出動飛機九〇二九架次，累計飛行三七三八二小時，總航程四二三〇萬公里；航測

▲ 航空攝影師正在執行航測任務

面積一三六七萬平方公里，相當於國土面積的一點四倍；拍過的航空膠卷連接起來達一千七百公里。通過航測，完成了一比一百萬航測圖五二五七幅。這些航測圖除全國各省、市、自治區外，還包括中國與鄰國的邊界地圖及中國的海岸線地圖，從而使中國擁有了完整準確的國家基本地形圖，為國界劃分、鐵路選線、長江和黃河水利規劃、水庫建設、礦藏開發和民航發展等提供了寶貴資料，並使青藏高原和中國西北部一四〇三平方公里的無圖區第一次有了完整的地形圖。

除了進行大規模的國土普測之外，幾十年來，空軍還為中國的許多重大工程選址、地形水系調查、與鄰國解決邊界問題、自然災害監測和搶險救災等完成了大量專門航測任務。

空中安保

　　二〇〇八年八月，中國成功舉辦了北京奧運會。從奧運會開幕前十天開始到殘奧會閉幕，中國空軍實施了歷史上少有的、長達四十天的奧運空中安保行動。

　　八月八日晚八時，北京奧運會在「鳥巢」體育場隆重開幕。此時全國空防體系處於一等戰備狀態，圍繞七個賽區（北京、上海、香港、天津、瀋陽、青島、秦皇島）實施了全國一體聯防。直接擔負任務的部隊有五十一個旅（團）共二點七六萬人，以及上百架飛機和數百部地空導彈、高

▲ 執行瀋陽賽區奧運安保任務的空軍高射砲兵部隊

炮、雷達，在東北、華北、華東和華南沿海部分地區嚴密警戒著面積達一百多萬平方公里的區域和近百個奧運場館及設施。一架架武裝直升機巡邏在首都上空，一支支殲擊機編隊在賽區和全國其他重點空域盤旋警戒，「鳥巢」附近和各賽區環形部署的地空導彈彎弓待射。

至九月二十一日全部解除任務止，空軍部隊以高度警覺的憂患意識、分秒必爭的戰鬥作風、堅決有力的安保行動，圓滿完成了奧運空中安保任務。

在二〇一〇年的上海世博會和廣州亞運會期間，空軍再次執行空中安保任務，為確保會議的順利進行發揮了重要的保障作用。

國際人道主義救援

二〇〇二年三月，中國空軍派出兩架伊爾-76 飛機，向阿富汗人民運送急需的救援物資，首次參與對外實施人道主義救援行動。

二〇〇四年六月，根據中國外交部和軍隊總部的要求，空軍派出一架伊爾-76 運輸機，將中國在阿富汗遇難同胞的遺體運回國內。

二〇〇五年八月，空軍兩次派波音-737 飛機運送中國維和部隊四百二十名官兵赴剛果（金）換防；同年十一月，又派波音-737 飛機赴約旦，接運遭遇恐怖襲擊的國防大學代表團和遇難人員遺體回國。

二〇〇八年八月一日，空軍派專機到以色列運送參加維和行動犧牲的聯合國軍事觀察員杜照宇烈士遺體回國。

二〇一一年二月，利比亞局勢持續動盪，中國在利比亞公民的生命安全受到嚴重威脅，中國政府實施了大規模撤僑行動。在這次撤僑行動中，中國空軍派出四架伊爾-76 運輸機緊急趕赴利比亞執行接運和撤僑任務。

▲ 二〇一一年三月四日，中國部分在利比亞公民乘空軍運輸機安全抵達北京。

四架飛機在受領任務後的九十七小時內，連續飛行十二架次四十三小時，單機總航程二九三九七公里，共將一六五五人接運至蘇丹首都喀土穆，並將其中二八七人安全接運至北京，出色完成了撤僑任務。這次撤僑行動是人民空軍成立以來首次參加海外大規模撤僑任務，展示了中國空軍良好的戰鬥作風和全心全意為人民服務的宗旨，同時也展示了中國空軍在完成多樣化任務方面所取得的重大成果。

第七章

一個特殊的群體——女飛行員

在中國敦煌莫高窟的壁畫中，翔舞著許多衣袂飄飄、身姿曼妙的飛天女，這是中國古代老百姓想像女性飛舞蒼穹的場景。可是在舊中國，婦女是沒有任何社會地位的，她們被男權社會壓迫、奴役，被要求「三從四德」，處處以男權為中心，以侍候男人為天職。她們不僅被剝奪了學習、工作的權利，甚至還要被迫接受對身體的摧殘──裹小腳。

中華人民共和國成立後，婦女才得到了完全的解放。她們不僅不用再受裹腳之苦，還享有與男人同等的社會地位，能參加學習、參加工作，甚至還能做一些連男人們都望塵莫及的事業。千年飛天女的夢想，在二十世紀五〇年代終於得以成為現實。在中國空軍飛行員的序列中真的出現了這麼一批能御風飛翔的「仙女」，她們就是中國的女飛行員們。

時至今日，中國已先後招收九批、五百多名女飛行員，成為世界上擁有較多女飛行員的國家之一。女飛行員駕駛的機型，也從最初的蘇製里-2型運輸機發展到今天的國產新型超音速戰機。在六十多年的歲月長河中，一代又一代的女飛行員們，同男飛行員一樣不懼艱險、不怕困難，克服重重障礙，堅持刻苦訓練，駕駛戰鷹迎風鬥雨，翱翔在中國的藍天之上，捍衛祖國領空的安全。她們當中有的被授予「空軍功勛飛行員金質榮譽獎章」，這是中國空軍飛行員的最高榮譽；有百分之五十三的人成為特級或一級飛行員；有近四百人次榮立一等功或二等功；不少人走上了團、師職領導崗位甚至軍職領導崗位。

中國第一批女飛行員

一九五一年初，中國決定培養第一批女飛行員。空軍當時選招了五十五名女學員，送到位於東北地區的航空學校學習飛行技術。

當時，航空學校的教員主要由原國民黨飛行人員和日籍航空技術人員擔任，使用的教練機是繳獲的美製 PT-19 型和日製雙發九九式飛機，整個學校設備很匱乏，條件很簡陋。由於受長期戰亂影響，學員們普遍沒有受過良好的教育，文化水平不高，在學習航空理論時感覺非常吃力，對女飛行員而言更是如此。在舊社會，婦女根本沒有受教育的權利，有的女學員在入校時連字都很難認全，更別提什麼高深的理論知識了。但姑娘們並沒有放棄，她們相互鼓勵，互幫互助，迎難而上，課堂上專心聽講，課外認真複習，放棄休息時間，抓緊一切時間學，終於掌握了航空理論，為飛行

▲ 一九五一年新中國培訓的第一批女飛行員

▲ 誕生在長春的新中國早期女飛行員

打下了堅實的基礎。不過，掌握航空理論只是飛行的第一步，要想真正飛上藍天，還有更多的難關、更大的考驗等待著她們。

嘔吐，是初學飛行的人經常遇到的情況。小小的飛機在高空中受氣流影響劇烈顛簸，加上各種飛行動作，使初上飛機的人感到天旋地轉、頭暈腦脹，這對於身體素質本來就偏弱的女飛行員來說症狀更為明顯。中國的第一批女飛行學員們也遇到了這一情況，教員剛帶了幾個起落，有的學員就忍不住嘔吐起來。但這並沒有難倒姑娘們，她們靠著頑強的毅力，努力適應。

▲ 新中國第一批女飛行員錢肇琰、杜琴芳和周蘭珍

　　施麗霞是中國第一批女飛行員當中的一員，來自上海。教員帶她第一次飛起落時告訴她，飛行中要是感到不適，支持不住時，就用手拍拍腦袋，好提醒教員早點著陸。飛行時，施麗霞還是忍不住吐了起來，但她一直堅持著，直到飛完課目也沒有用手拍腦袋。下來以後才發現，她連膽汁都吐了出來。她們當中的一些人對汽油味道敏感，然而在老舊的飛機上，狹小的駕駛艙內瀰漫著濃重的汽油味道。為了適應這種駕駛環境，她們把汽油灑在自己的手帕上，隨身攜帶，哪怕是睡覺也把手帕放在枕頭邊。就是靠這種強制方法磨練自己的嗅覺神經，她們終於適應了汽油的味道。

　　飛行基礎訓練中，女飛行學員們更加刻苦。操縱飛機駕駛桿、拆卸發動機力氣不夠，她們就拚命鍛鍊，高強度地進行跑步、盪鞦韆、滾旋梯訓

練;練習器材少,她們就用掃把、凳子腿代替駕駛盤演練,坐在地上手拉手、腳蹬腳地練習拉桿蹬舵;目測不準,她們就在卡車駕駛中練習判斷運動速度;飛機降落時離地高度變化掌握不準,她們就沿樓梯跑上跑下地練習,就連晚上在被窩裡也握住手指頭蹬著床頭作練習飛行。

　　困難終於被一個個克服了,技術也一點點掌握了。一九五一年十一月,十四名女飛行學員用時僅七個月就全部飛上了藍天,平均每人飛行七十七小時四十四分。至此,中國第一批女飛行員全部學成,順利畢業。

　　畢業後,她們都被分配到空軍運輸部隊服役,並開始進行蘇製里-2型飛機改裝訓練。一九五二年三月,為慶祝「三八」婦女節,同時檢驗她

▲ 進行圖上作業的女飛行員們

們的學習成果，空軍決定讓女飛行員們在首都北京天安門上空進行飛行表演，接受毛澤東等領導人和首都人民的檢閱。

三月八日這一天，北京各界七千餘名代表和五十多位各國駐華使節的夫人以及中外記者等來到西郊機場，參加中國第一批女飛行員的起飛典禮。女飛行員共編為六個機組。下午十三時，六架里-2 型飛機順利通過天安門上空。三月二十四日，毛澤東、周恩來、劉少奇等國家領導人在中南海接見了參加「三八」國際婦女節飛行表演的女飛行員，對她們的表現大為讚賞。

在空軍運輸部隊中，經過緊張的晝夜間複雜氣象的訓練，女飛行員們的飛行技術越來越成熟，開始執行各種各樣的空運任務。一九五八年十二月三十日晚上，中國北方的烏蘭浩特市內一家鋼鐵廠的鍋爐爆炸，急需銲接氧氣。空軍派遣一架運輸機緊急飛往另一城市包頭裝運氧氣，再轉往烏蘭浩特市，整個任務要在二十四小時內完成。女飛行員伍竹迪和她的機組奉命執行這一任務。然而，當時烏蘭浩特市天氣惡劣，機場跑道又短又窄，還沒有導航設備，這給機組執行任務帶來了很大的困難。伍竹迪同機組全體成員連夜進行了充分準備，第二天黎明便按計劃起飛了。從包頭去往烏蘭浩特的途中山峰重疊，強大的氣流將飛機一會兒掀起來一會兒壓下去。伍竹迪艱難地操縱飛機，最終克服重重困難，在傍晚準時到達烏蘭浩特機場上空。由於跑道太短，按正常方法無法著陸，伍竹迪採用小下滑角、大油門、盡力減低飛機速度的辦法，準確地在跑道頭三點著陸。等氧氣瓶卸完後，天色已晚，但全體機組不顧十幾小時長途飛行的疲勞，又駕機起飛返航。

第一批女飛行員一直艱苦奮鬥，活躍在中國空軍部隊長達三十多年。

她們駕駛飛機飛遍了中國各地，多次執行空運空投、搶險救災、人工降雨、航空測量、科研試飛和專機等任務，為國家經濟發展和空軍建設作出了重要貢獻。

飛越天安門的女戰鬥機飛行員

二〇〇九年十月一日，在國慶六十週年閱兵式上，十五架藍白相間的國產殲擊教練機組成三個楔形編隊，首尾相接，臂膀相依，拉著彩色的煙帶飛過天安門廣場。駕駛這些飛機的，正是中國的首批殲擊機女飛行員。

中國首批殲擊機女飛行員是二〇〇五年九月從二十餘萬名女高中畢業生中選拔的。經過兩年半基礎訓練、半年初教機訓練以及近一年的殲擊機飛行課目訓練，二〇〇九年四月，她們順利通過飛行技術和體能考核，圓滿畢業，獲得了象徵飛行員身分的飛行員證書和三級飛行等級證章。中國空軍飛行員隊伍中第一次出現了殲擊機女飛行員的身影，她們最大的二十四歲，最小的僅二十一歲。

殲擊機超音速飛行，機動性能強，操作技術難度大，對女性身體、心理素質和操作技能等方面都提出了嚴峻的挑戰。但她們憑藉自己的堅毅、剛強、無畏和自信闖過重重難關，完成了所有訓練科目。

二十二歲的女飛行員張博清楚地記得：剛入學的時候，每天六點鐘起床，冬天時在零下二十多攝氏度的天氣裡跑三千米，帽子和睫毛上都結了一層白霜。

飛行訓練對她們則是一個更加嚴峻的考驗。飛機座艙內各種儀表的參數、功能和位置必須爛熟於心；每次飛行幾百個操縱動作和程序必須絲毫不差地記住；機場周圍所有地標、地物，近百個空中特情處置方法，必須倒背如流。除此之外，每天還要不間斷地進行體能訓練，包括旋梯、滾輪以及空轉、地轉、坐轉等平衡機能訓練。冬天的哈爾濱滴水成冰，風颳在

▲ 參加國慶六十週年首都閱兵的中國首批殲擊機女飛行員

臉上像鞭子抽打，她們每天凌晨進場，一練就是一整天。由於精神緊張，睡眠不足，姑娘們個個都變成了「熊貓眼」。一切苦痛都是為了破繭羽化的美麗一刻，一切淬煉都是為了展翅飛翔的精彩瞬間。二〇〇八年十月十二日，女飛行員貪璐單獨駕駛教-8飛機飛向藍天，成為中國女性獨自駕駛亞音速噴氣飛機上天的第一人。

然而，讓姑娘們最難忘的還是參加國慶六十週年閱兵，這是她們學成畢業後領受的第一個任務。上級要求殲擊機女飛行員作為最後一個空中梯隊，以三個五機編隊飛越天安門上空，拉出彩煙把國慶盛典推向高潮。然而此前，五機編隊飛行在該型殲擊教練機訓練史上從未有過。女飛行員們找來編隊資料，計算數據參數，反覆進行模擬練習。經過精心準備，她們順利完成了多個課目訓練，開創了中國空軍院校飛行史上第一次多機編隊起飛、第一次多機密集隊形雲中飛行、第一次在七十秒內起飛數十架飛機、第一次多機穿雲集合等五項第

▲ 殲擊機女飛行員張博

▲ 飛過天安門廣場上空的殲擊機女飛行員梯隊

一，梯隊的女飛行員們均達到了閱兵要求的最低氣象條件標準。

閱兵訓練的機場，夏日驕陽似火。女飛行員們按規定戴頭盔、面罩，穿長衣長褲，每天訓練六個小時，汗水將衣服和座椅黏在一起，但從沒有一個人想過放棄。經過刻苦訓練，達到了多機起飛集合一次成功，隊形保持良好，到達時間誤差在一秒以內。但女飛行員們對此並不滿意，她們的目標是秒米不差，所有成績必須是優秀。為了這個目標，她們把起飛、上升轉彎、盤旋、下滑著陸等十五個飛行基礎動作進行了上萬次模擬演練，最終每一個動作都達到了精、準、穩。

二〇〇九年十月一日上午，首都北京陽光明媚，但女飛行員駐訓的機場卻被大霧籠罩，氣象條件是保障閱兵的機場中最差的。但她們在能見度僅一點三公里、雲底高度只有五百米的低氣象條件下果斷起飛，僅用五十六秒就全部升空，在兩層雲的夾層中飛向北京，秒米不差地通過了天安門上空。

中國的飛行女將軍

中國空軍特級飛行員岳喜翠在萬里長空飛行三十六年，先後飛過五種軍用運輸機，安全飛行六千一百多小時，多次出色地完成急難險重任務。二〇〇三年七月二十八日，岳喜翠被授予空軍少將軍銜，成為中國第一位飛行女將軍。

一九六五年，初中剛畢業的岳喜翠參加空軍女飛行員選拔。當時，岳喜翠個頭小、體重輕，很不起眼，但倔強的她依靠自己的努力，闖過了多道難關，被順利錄取，成為中國第三批女飛行學員中的一員。

一九六六年，岳喜翠剛進入航空學校學習，就因不幸患上「全身遊走性關節痛」而不得不住院治療。醫生說這種疾病不好治，弄不好得停飛。然而，岳喜翠並沒有向命運低頭，憑著對飛行事業的堅定信念，與疾病

▲ 一九九五年二月，岳喜翠當選中國「十大女傑」。

作鬥爭。她把飛行教材帶進病房，一邊積極配合治療，一邊複習背記飛行數據。當治療效果比較慢時，岳喜翠沒有消沉，而是忍著關節疼痛，積極進行體能鍛鍊配合治療，終於取得「康復，飛行合格」的結論，重返藍天訓練。

　　一九七二年，年輕的機長岳喜翠首次率機組執行重要任務──駕駛伊爾-12 運輸機完成模擬衛星跟蹤觀測任務。這個任務要求很高，飛機在三千米的高度飛行，投影在地面的航跡誤差不得超過五十米。開飛的那天傍晚，氣象部門報告：高空側風九米／秒，偏流比較大，還有顛簸，不利於保持飛行狀態和航跡。然而時間急、任務重，岳喜翠和機組成員仔細計算有關數據，再次協同後，果斷定下決心：飛！她們駕駛飛機努力保持飛行狀態的平穩，嚴格保持飛行數據的精確，一次又一次進入探照燈指示的各條航跡線，圓滿完成了試飛任務。

　　一九九四年十一月，岳喜翠擔任副師長不久，部隊決定讓她改裝飛行從俄羅斯引進的伊爾-76 大型運輸機。當時岳喜翠已經四十六歲，雖然是一名老機長，但直接從駕駛安-26 運輸機改裝渦輪噴氣大型運輸機，仍然是一次新的考驗。她立即抓緊時間自學伊爾-76 飛行理論，熟記滿座艙飛行儀表和各種開關設備，為掌握飛行技術打下了紮實的理論基礎。在俄羅斯進行模擬機訓練時，她被要求直接在模擬機上訓練特殊情況處置，這在當時中國的訓練中是沒有的，對飛行員來說難度很大。但是俄羅斯教官看到岳喜翠第一個飛行日的訓練成績後，非常滿意，破例允許她自選飛行課目，她選擇最難處置的空中發動機停車特情進行模擬訓練。當岳喜翠和機組人員分工明確、配合默契，準時地發出每一個口令、做好每一個動作，模擬駕駛著有故障的飛機安全「著陸」後，俄羅斯教官對岳喜翠說：「處

▲ 岳喜翠少將（左二）在柏林航展參觀美軍「大力神」飛機

置正確，狀態穩定，飛了多年伊爾-76的老飛行員也就這樣。」回國後，岳喜翠按大綱經過一段飛行訓練實踐，很快就達到了新機型要求的飛行駕駛技術水平。

　　一九九七年底，岳喜翠從航空兵部隊調任廣州軍區空軍參謀長助理，這對飛行員出身的岳喜翠是一個全新課題。為儘快掌握作戰指揮和所屬部隊情況，熟悉本區域雷達、情報、通信、領航等專業和作戰指揮程序，她認真地向指揮員、參謀人員請教。為背記有關作戰政策、規定，熟練使用指揮設施，她曾一個星期沒有走出指揮所大樓。經考核，她很快達到了上崗擔任指揮所總值班員的要求。

　　二〇〇一年一月，岳喜翠走上了廣州軍區空軍副參謀長的領導崗位，

打破了男人獨領風騷的指揮領域，成為空中能飛行、地面會指揮、中國軍隊中唯一能擔負軍以上機關作戰值班的女性。七年裡，在中國南疆的空防安全上，岳喜翠肩負著繁重的戰備值班任務。另外，她參與組織指揮了多次重大軍事演習，正確指揮處置多起不明異常空情，確保了戰區空防安全。

功勳女飛行員

在中國空軍女飛行員中，還有另外一名傳奇女飛行將軍，她曾憑藉自己的沉著、冷靜以及大無畏的精神和精湛的飛行技能，駕駛一架受損飛機成功迫降，避免了一起嚴重的連環撞機事件，獲得中國空軍「功勳飛行員」金質獎章——這是中國空軍飛行員能夠獲得的最高榮譽。她就是中國人民解放軍空軍指揮學院原副院長——劉曉連。

一九四九年十一月，劉曉連出生於遼寧省大連市。一九六六年七月，初中畢業的她，經過層層考核、選拔，終於走進空軍第二航空預備學校，成為一名飛行學員。在同批學員中，劉曉連以最少帶飛次數第一批放了單飛。在以後三十四年的飛行生涯中，劉曉連飛過七個機型。每次改裝、每個練習，她都保持了最少帶飛次數。

一九六九年，不滿二十歲的劉曉連開始擔任機長，執行各種飛行任務，成為空軍有史以來年齡最小的女機長。同年底，她被任命為團作訓參謀，也是空軍航空兵歷史上年齡最小的女作戰參謀。

一九八二年九月的一天，劉曉連率領機組駕駛安-26 型軍用運輸機執行完任務，從張家口機場起飛準備返回駐地。但誰也沒有想到，一場巨大的災難馬上就要降臨。當時，在得到塔臺指揮員允許後，劉曉連機組操縱飛機按計劃上升、轉彎，向南方飛去。飛機在七百米高度飛行時，令人難以料想的意外發生了：一架殲-7 飛機從她們飛機的右後方迅速接近，由於來不及避讓，該機水平尾翼插進了運輸機的機頭側面，將運輸機的機頭下部包括前起落架統統削掉。飛機通信艙壁被撞開了一個直徑大約六十公

▲ 「功勳飛行員」劉曉連

分的窟窿，左發動機因吸進大量碎片而停車。瞬間，機組成員全部被震昏過去了。不一會兒，腰椎嚴重受傷的劉曉連甦醒過來，她本能地迅速起身抓住駕駛盤。然而，前方風擋被撕開上翻的鋁皮擋住了，看不到窗外的情況。座艙內充滿煙霧、鮮血和從斷裂導管噴射出來的液壓油，還有破碎的零部件。除氣壓高度表外，所有的儀表都已失靈。

劉曉連努力從左側風擋望出去，看到地面正向上撲來，幾乎連樹葉都能辨別清楚。容不得猶豫，她竭盡全力把即將墜地的飛機改平拉了起來。這時，機組其他成員相繼甦醒過來，雖然都嚴重受傷，但他們忍著劇烈的傷痛迅速回到自己的工作崗位上，積極配合機長奮力挽救飛機。劉曉連異常冷靜地操縱著受損飛機，果斷地下達著各種指揮口令，並做好返航著陸準備。回到機場上空時，由於機體嚴重受損，前起落架被削掉，應急起落

架無法放下，情況萬分危急！高度在降低，飛機劇烈抖動，越發操縱困難。

「復飛，想辦法放下起落架？」有機組人員這樣建議。但劉曉連通過左風擋看到跑道邊上還停放著殲擊機機群，機場附近有營房、工廠、村莊，並且感到飛機已越來越難以控制，發動機功率加不上去，升力明顯不足。飛機帶著這樣大的故障復飛，一旦失去控制墜毀，不僅機組七名成員性命不保，還可能給人民群眾和國家財產造成難以想像的巨大損失。劉曉連果斷決定，不能復飛，立即草地迫降。她接連發出口令，用力使飛機對正跑道右面的草地。高度五十米、二十米、十米，當判斷可以進場後，劉曉連當機立斷下令關閉發動機。失去動力的飛機像一隻掙脫拉線的風箏，忽悠悠地向機場草地飄落下來。就在飛機高度只有一至二米時，通過機組

▲ 劉曉連在為外軍學員作講座

的努力，兩個主起落架終於放了下來。

　　飛機著陸後，以每小時一百多公里的速度在草地上滑跑，機頭緊貼草地，顛簸著向左側的跑道斜插過去。左側十幾米外的跑道上，部隊的殲擊機正在一架接一架地起飛和降落。劉曉連的心再次揪緊了：自己這架飛機一旦沖上跑道，那麼便是連續相撞的慘劇！一定要避開跑道，保證殲擊機安全著陸。劉曉連急忙用力踩下剎車，不起作用！按下緊急剎車，也不起作用！把緊急剎車按到底，還是沒有作用！在這千鈞一髮之際，劉曉連雙手用力，一下子把駕駛盤前推到底。她要讓機頭更深地鑽進草地裡，以阻止飛機前進。劉曉連何嘗不知道這樣做的危險後果——自己的手臂和腿可能會折斷，但她卻義無反顧地這樣做了。終於，飛機奇蹟般地在跑道邊緣停了下來，一場後果不堪想像的事故就這樣成功避免了。

　　事後，空軍專家組在對事故現場進行檢查時，對兩件事感到不可思議。一是不能準確判斷飛機在何處接地。因為在機頭接地點前，草地上找不到明顯的碾壓痕跡。專家們對劉曉連的飛行著陸技術表示歎服。他們認定：飛機在著陸時沒有受到任何損傷，所有損傷都是在空中相撞時發生的。二是不知道劉曉連是用怎樣的力氣才扳得動飛機駕駛盤的。飛機被撞後，機體嚴重變形，桁條和鉚釘大部分剪斷，處在臨近解體的狀態；加上左發動機停車造成空氣動力的破壞，僅操縱飛機單發飛行就需要超過百公斤的力量。事後檢查時，兩位男同志上去用足了力氣才剛剛能夠拉動駕駛盤。

　　這次生死拚搏中，劉曉連以超人的毅力和精湛的技術制服空中險情，被航空界傳為佳話。

中國空軍第一位女飛行師長

二〇〇五年八月，「和平使命-2005」聯合軍事演習在中國山東半島舉行。持續了十四個小時的風雨前奏，拉開了中俄聯合實兵交戰兩棲登陸戰場的序幕。指揮所預報氣象：風力四到五級，海上浪高二至三點五米。上午十一時二十六分，中俄雙方十架伊爾-76 大型運輸機在同一空域編隊，運載著雙方同等員額的空降兵、同類裝備的戰鬥車，在電子干擾和戰鬥機的掩護下，到達作戰地域上空。在如此惡劣的

▲ 中國空軍第一位女性航空兵師長程曉健

氣象條件下實施雲中和雲上空投空降，這對人民空軍空降兵來說是第一次。更何況空降場緊鄰大海，稍有不慎，後果不堪設想。十一時四十八分左右，編隊第九架飛機的機艙內傳來簡短有力的女性聲音「準備空降」，隨即飛機後艙門開啟，中俄傘兵紛紛躍出機外。演習結束後，雙方官兵們看到第九架飛機駕駛艙內下來的居然是一名女飛行員，俄羅斯官兵親切地

稱呼她「娜達莎」。這名女飛行員就是後來成為中國空軍第一位女飛行師長的程曉健。

程曉健，中國空軍運輸航空兵師長，她先後飛過六種機型，曾多次出色地完成了戰鬥空運、軍事演習、科研試飛、搶險救災等艱巨任務。

一九八一上半年，改革開放後空軍第一次招收女飛行員，臨近高中畢業的程曉健便瞞著父母報了名。經過多輪篩選，程曉健成為為數不多的幸運兒之一。當她懷著美好的憧憬前往空軍航空預備學校報到時，看到這裡的男學員全剃成禿瓢，跋正步、轉旋輪，伴隨著教官嚴厲的口令，在烈日底下大汗淋漓。程曉健這才知道，當一名飛行員，生命裡除了浪漫，更多的是艱辛和汗水。

為了盡快適應飛行要求，瘦弱的程曉健加倍地鍛鍊身體，教員規定跑一千米，她要跑二千米、三千米；為了提高一百米賽跑速度，程曉健練高抬腿、爬樓梯，增加腿部力量；練習俯臥撐時，在腰上扎個帶子，讓同伴們拉著她做。經過努力，她在起初不敢蕩的旋梯上，也可以一口氣做一百多個了。那時人們見到的程曉健，早晨剛穿上的襯衣，中午就結上了一層白花花的鹹霜，臉曬黑了，腿練腫了。正是憑著這股勁兒，她的學習成績一路領先。在特技飛行訓練中，程曉健駕駛初級教練機做橫滾、筋斗等動作特別利落。

一九八四年十月，程曉健結束了四年多的預校、航校生活，被分配到空軍運輸機部隊。到部隊後，根據擔負任務的需要改裝新型運輸機。為了更好地掌握駕駛技術，她不滿足於一遍遍地攻讀教科書、熟記各種數據，還廣泛地閱讀和收集國內外信息和資料。在多項理論考核中，取得了平均九十八分以上的好成績。

▲ 在指揮飛行的程曉健

　　一九八九年春節前夕的一天，程曉健奉命駕機奔赴南京，執行緊急空運救災物資到海南島的任務。機組人員經過四個小時長途飛行到達海口機場上空時，天氣變壞，大霧瀰漫，能見度不到一公里。飛機降落到八百米高度時，仍被雲霧籠罩著，窗外什麼都看不到；五百米時，飛機還沒有出雲霧；一百米時，還是看不見地面，且氣流較大，飛機上下顛簸。為了幫助飛行人員找跑道，機場塔臺指揮人員把跑道燈、引導燈全部打開。在萬分危機的緊要關頭，程曉健穩穩地把住駕駛桿，憑著平時練就的儀表駕駛技術，沉著冷靜地順著引導燈、跑道燈的光柱下降高度。在高度僅五十米時，程曉健終於看清了跑道，她駕駛飛機一次著陸成功，圓滿完成了緊急空運任務。

二○○一年，程曉健走上了師副參謀長的領導崗位，她對自己的要求越來越高了。她知道如果自己不改裝最先進的大型運輸機，很多重大軍事演習和急難險重的任務就沒法參加。受體力的限制，女飛行員改裝大型運輸機是艱難的。為了能早日飛上新裝備，程曉健每天吃住在飛行大隊，和參加改裝的男學員們一起，飯後就在操場上打籃球，不飛行就在寢室裡練俯臥撐。新機型是外國進口裝備，科技含量相對較高，為充分摸透機載設備的構造和原理，程曉健像小學生一樣，虛心地向教員們請教。對於每一次飛行，她都要反覆回顧和總結。經過一年多的理論學習和飛行訓練，程曉健終於不負眾望，順利地完成了改裝飛行任務。

　　二○○八年五月，程曉健被任命為空軍副師長，就在她準備上任時，趕上五一二汶川大地震，機場關閉，交通中斷，這可急壞了程曉健。作為軍人，直覺告訴她，在這個國難當頭的時刻，正是部隊需要她的時候。她顧不上旅途疲勞，想盡一切辦法趕赴部隊上任，參加到緊張的抗震救災行動中。

　　二○○九年四月，程曉健晉陞為中國空軍師長。這是中國空軍航空兵部隊第一位女飛行師長。

戰勝癌症重返藍天的女飛行副師長

可以說，中國的女飛行員每個人都是一個傳奇，而第六批女飛行員中的劉文力則因以執著的飛行夢想戰勝癌患重返藍天，書寫創造了生命與飛行的奇蹟。

劉文力，現任中國空軍運輸航空兵副師長，曾多次執行並圓滿完成急難險重任務。尤其在二〇〇八年五月汶川大地震的搶險救災中，劉文力的運輸航空兵師快速反應，第一時間將專業救援隊員和特種裝備運到災區。她親自駕機，連續奮戰，多次將救災物資運抵災區，解決災民的燃眉之

▲ 女飛行員劉文力

急。就是這樣一個不知疲倦、全心奉獻的人，誰能想到她曾身患絕症？

二〇〇四年三月，時任飛行大隊長的劉文力感到身體不適，但因工作忙碌一直沒放在心上。直到七月份，在同事的催促下她才到醫院檢查，沒想到專家確診：左側乳腺導管癌。

正是飛行事業的黃金季節，命運之手卻一下子把劉文力推到了生命的谷底。頃刻，如同天空烏雲密佈，猙獰的病魔擋住了她的飛天之路。

平靜下來的劉文力決定積極配合醫生治療。醫院為劉文力實施左側乳腺及周圍組織清除手術，這對她的飛行生涯是一個重要的挑戰。因為這個手術難度較大，需要切除左側乳腺以及胸部包括胸大肌、胸小肌在內的肌肉組織，並清除胸壁前所有的淋巴組織，以防止癌細胞擴散。面對如此大型的手術，劉文力表現得很冷靜，她唯一擔心的是自己何時能夠重返藍天。

然而手術只是第一步。為了防止癌細胞的擴散，還需要進行化（放）療。根據醫生的治療方案，在手術後三週即開始對劉文力進行化療。由於化療副作用大，劉文力一看見紅藥水就吐，後來再打針時，她乾脆就讓護士把自己的眼睛蒙起來。在兩個療程的化療過後，劉文力烏亮的黑髮大部脫落，醫生詢問她是否減量，劉文

▲ 重返藍天的劉文力

力堅定地搖搖頭。

為了盡快恢復身體健康，劉文力在丈夫的攙扶下走路、跑步，每動一步，便虛汗淋漓。她給自己定下硬指標：每天鍛鍊至少兩個小時。住院三個月，她圍繞醫院步行上千公里。

二〇〇五年六月十三日，經過嚴格的身體複查，醫生在劉文力的身體健康記錄簿上莊重地填寫上「飛行合格」四個字。看到這四個字，劉文力一下子淚如泉湧，趕緊向部隊領導報告喜訊。從醫院回到部隊後，劉文力認真做好開飛準備。

二〇〇五年六月二十三日，在軍用機場，身著天藍色飛行服的劉文力在全面檢查了一遍飛機後，登機迅速繫好安全帶，戴上耳機，檢查座艙的設備。她習慣性地向座艙掃視一遍後，沉著冷靜地向指揮員報告：準備完畢，請求起飛。

隨著指揮員起飛口令的下達，劉文力開車啟動，飛機發出沉雷般的聲響，她駕機風馳電掣般地刺向蒼穹……

如今，劉文力已完成大型運輸機的改裝。她還要不停地充實自己、提高自己，在更高更廣闊的天空上抒發自己的藍天情懷，書寫自己作為「藍天女兒」為祖國、為軍人肩負使命而奮鬥的新篇章。

第八章

飛越藍天——對外交流與合作

中國人民空軍從來就不是一個封閉的軍種，這支振翅蒼穹的隊伍，生來就擁有如天空一般寬廣和開闊的胸懷。自成立以來，人民空軍就在肩負捍衛祖國領空職責的同時，承擔著對外交流、加強溝通的重任，始終以開放的姿態、以各種方式與世界空軍保持著接觸交流。

開放的基因

　　很多時候，只有當歷史的塵埃落定，我們才能更好地看清某個事物或某項進程。回首過去六十多年的時光，中國人民解放軍空軍發展的每一根脈絡，都在歲月的打磨中變得越來越清晰明朗。

　　在中國人民空軍的創建初期，得到了當時的空軍強國蘇聯提供的幫助和指導。廣大官兵克服種種困難，虛心求教，學習蘇聯空軍的裝備、建設和戰鬥經驗，從而使人民空軍很快地實現了初步起飛。

　　不久之後，在那場舉世矚目的空中大戰中，年輕的中國人民空軍與世界上最強大的美國空軍進行了一場持續兩年零八個月的「交流」，不過這次交流的方式是空戰。對手就是最好的老師，人民空軍在戰鬥中迅速地成長起來。

▲ 一九五三年蘇聯軍事代表團訪問空軍第一航空學院

創建初期就與當時世界上兩支最強大的空軍有過不同方式的密切交流，使得人民空軍不僅迅速地成長起來，更在有意無意間種下了一種開放的基因。六十多年來，這種基因在中國人民空軍的血液中不斷傳承，不斷促使著這支年輕的空軍飛向更高、更遠的藍天。

　　從一九五二年開始，中國人民空軍開始為越南、朝鮮等國培訓少量的空地勤人員。

　　一九五九年，隨團來訪的印度尼西亞空軍飛行員瓦羅伍上校和蘇底比約中尉與中國飛行員同乘米格-15飛機飛行。這是外國空軍飛行員首次在華與中國飛行員同乘飛行。

　　一九八五年十月，美國空軍參謀長加布里埃爾上將偕夫人一行十二人來華，對中國進行了正式友好訪問。這是美國空軍首腦第一次訪問中華人

▲ 一九八五年十月五日，美國空軍參謀長加布里埃爾和空軍司令員王海觀看八一飛行表演隊飛行表演。

民共和國。

二〇〇七年，空軍奉命參加「和平使命-2007」聯合反恐軍事演習。這次演習中，中國人民空軍首次走出國門……

中國人民解放軍空軍已經承擔起一支軍種在國家軍事對外交往與合作當中所應承擔的使命及重要角色。

▍不打不相識

一九八四年七月，中國軍事代表團訪問美國。在這次訪問中，有兩位「老對手」再次碰面。如前文所述，他們就是美國空軍參謀長查理・加布里埃爾和中國人民解放軍空軍副司令王海。三十年前的朝鮮戰場上空，他們駕駛著各自的戰機，以空戰為語言進行了第一次「交流」；三十年後，當硝煙散盡、鐵幕升起，他們終於可以面對面看清當年的老對手。當王海和加布里埃爾的手握到一起時，兩個人都默契地笑了，這次跨越太平洋的握手宣告他們已經從對手變成了朋友。

▲ 二〇〇八年十一月，在珠海航展招待會上，中國八一飛行表演隊飛行員與印度「陽光」飛行表演隊飛行員進行交流。

一九九七年八月二十四日，莫斯科茹科夫斯基機場，國際航空展期間，年已古稀的中國前空軍副司令林虎中將，與俄羅斯試飛院副院長科沃丘爾同乘一架蘇-27戰機，如利箭一樣直射蒼穹，在機場上空翻轉、橫滾、超低空大速度通場……這位年過七旬的老將軍以一系列年輕飛行員都難以完成的飛行動作征服了在場所有觀眾的心，也向世界展示了中國人民空軍老一代飛行員「寶刀未老鋒尤在」的英雄氣概。

二〇〇八年七月，南京軍區空軍司令員江建曾中將率團訪問美國太平洋空軍，美方邀請他與美飛行員同乘飛行。當時江建曾將軍年近花甲，停飛也已十年，但他欣然接受了這一邀請，重新披掛上陣，與美軍飛行員瑞德倫少校同乘一架F-15D戰機，與前機跟進起飛。那天下著中雨，雲底高不足二百米，氣象條件十分複雜。兩架F-15起飛後迅速攀升到五千多米的高空，然後穿過僅有的一個雲隙，直插麥金利山峽谷谷底，在一百二十米高度改平，雙機跟進，沿寬度僅有兩三百米的峽谷蜿蜒飛行。從飛機上看下去，河底的石頭清晰可見……

這種只有在電影裡才能看到的驚險動作，兩國飛行員配合完成得無懈可擊。美國軍隊領略到了中國飛行員的素質與風采，中國軍人同樣也感受到了美國空軍的作風和理念。

空軍是一支愛好和平的軍種，也是一支敢於戰鬥的軍種。下至普通飛行員，上至空軍高級將領，「飛行」與「空戰」是全世界空軍人都最熟悉也是最善於使用的語言。通過這種特殊的溝通交流方式，人民空軍鞏固、發展了與外國空軍之間的友好關係，並且向世界展現了中國空軍的風貌，贏得了各國空軍的尊重與信賴。

▌一場特殊的「空戰」

二〇一〇年四月的一天,位於法國東南部風景秀麗的奧朗日一一五空軍基地,伴隨著發動機的轟鳴聲,兩架幻影-2000B 多用途戰鬥機從跑道上離地而起,直衝雲霄。在三點六萬英尺的高空,馬上就要展開一場「一對一」的自由空戰。參加此次空戰的是兩名中國飛行員和兩名法國飛行員。但這一次,他們同機的「戰友」並不是自己的同胞。

中國空軍某飛行團團長王樂駕駛著一架「幻影」,與他同機的是法國空軍大隊長 Bruno。他們的「對手」是中國飛行員李福和法國飛行員Cunat。

▲ 王樂與法國飛行員在一起

一場萬米高空的自由搏擊,在沒有任何預先協同的情況下展開了。空戰中,兩架飛機相向靠近,Bruno 迅速把油門推到全加力位置,下降高度進入急俯衝,到達對方下視盲區,欲躲避對方的目視與雷達發現。繼而又迅速將飛機拉起,進入太陽方向。李福和 Cunat 發現雷達目標丟失後立刻進入目視搜索,正當他們為無法尋獲

目標而感到些許不安時，一個巨大的黑影突然從他們左側出現，像一條巨鯨躍出海面。由於相距非常近，李福感到從未有過的壓迫感，他立刻判斷出對方是想占居高度優勢。前艙飛行員 Cunat 也意識到了這一點，於是迅速左轉，意圖置尾，占據主動，但為時已晚，王樂所乘戰機已經構成了射擊條件。這個回合，王樂和他的法國戰友 Bruno 險勝對手。

如此完全自主與高度刺激的空中對決，令踏出國門的中國飛行員見識了法國飛行員不受拘束的自由風格和勇於挑戰的冒險精神，也親身體驗到異國空軍組訓模式與訓練理念的鮮明特點。

這次「空戰」只是中國人民空軍走出國門，與世界其他國家空軍進行交流、學習其先進經驗的一個縮影。

空軍屬於高技術軍種，尖端技術的應用不斷推進，新的理念和作戰樣式不斷推出。中國人民空軍要跟上時代發展的步伐，就必須拓展與其他國家的交流與溝通，必須與國際接軌，把世界空軍各領域中的新理念、新技術、新成果轉化為提升自身能力的助推器。為此，中國人民空軍先後派出大批專業技術人員，在不同層次、不同類別上廣泛開展技術交流；並安排航空兵訓練、院校教育、空降兵訓練、後勤、裝備、醫學、氣象、營建等各類專業團組到外國空軍參觀學習。

為了和平的使命

二〇一〇年九月二十四日上午十時五十五分，天山腳下空軍某機場，一架預警機奉命起飛。緊接著，轟油-6、轟-6、殲-10 戰機依次滑出跑道，像離弦的箭一樣射入遠方的天空。

四十五分鐘後，兩架殲-10 戰機編隊飛越白雪皚皚的天山山脈，直奔加油空域，向兩架轟油-6 跟進。加油管接口與受油口在一點點地接近。

「嚓！」隨著一聲輕響，殲-10 戰機和轟油-6 加油機在天山上空實現對接。過程的流暢，並不意味著空中加油是件容易的事。在空中，加油口就像一根晃動的針，受油口就像一根線，要把「線」準確地插進這根不停晃動的「針」裡，其難度可想而知。加、受油機之間必須保持高度穩定性，一旦速度差過大，或者沒有及時修正氣流帶來的偏差，都有可能造成空中相撞的嚴重後果。

兩架注入新鮮「血液」的殲-10 戰機成功完成受油後脫離轟油-6，直奔邊境上空，掩護著二架轟-6 轟炸機向哈薩克斯坦演習區域進行跨國長途奔襲。

當第二批空中突擊梯隊的二架轟-6 飛越中哈邊境上空時，哈方的兩架米格-29 戰機在轟炸機群的左前方大坡度盤旋，準備擔負伴隨掩護任務。加入編隊後，塗著藍色迷彩的米格-29 友好地向轟-6 搖擺了幾下機翼，算是打了個招呼，繼而這批中哈戰機組成的編隊就呼嘯著直奔哈薩克斯坦南部的馬特布拉克演習場而去。

此時，在境內指定空域擔負預警監視任務的預警機，實時對飛出國門

的空軍戰鬥群參演飛機進行全程空情預警、指揮引導和通信中繼等指揮保障。

一個多小時後，隨著第一編隊的戰機悄然飛臨「敵」目標區上空，「敵」方各種干擾紛紛襲來。二架護航的殲-10 戰機立即對敵實施電磁壓制，為己方突擊機群開闢出一條安全的空中走廊。

「三、二、一，投下！」首批二架轟炸機的二十四枚重磅炸彈傾瀉而下。瞬間，「敵」目標區濃煙滾滾，火光四起，目標被炸得土崩瓦解。

緊接著，第二突擊編隊飛臨「敵」另一目標區，哈方負責護航的兩架米格-29 殲擊機完成掩護任務，脫離編隊返場。轟炸機編隊飛抵目標上空，隨著「投下」指令下達，二十四枚炸彈像長了眼睛一樣，直奔目標區。

有軍事專家和外國的同行曾認為這次轟炸任務使用的是精確制導炸彈，但其實使用的只是常規炸彈。為了提高轟炸的精確度，轟炸機部隊將指揮控制、領航跟蹤、長途奔襲等要素融為一體，採取地面算、模擬練、空中驗的方法，所有機組都具備了雲中編隊、雲中轟炸和複雜氣象條件下的精確轟炸能力。

兩個突擊編隊完成遠程奔襲轟炸任務後，迅速爬升，按照既定航線返航。經過往返三個多小時的航行，戰機安全著陸在天山腳下的空軍機場，圓滿完成了空軍戰鬥群突擊轟炸任務。

這次聯合軍演，中國、俄羅斯、哈薩克斯坦三國空軍同場練兵，五國軍隊領導人現場觀摩。聯合部隊空軍戰鬥群共出動三十二架飛機參演。其中，哈方出動二十架，中方和俄方各出動六架。中方空軍戰鬥群出動四架轟-6 飛機、二架殲-10 飛機，在第一、第二階段分別實施一個波次的轟

▲ 中俄兩軍飛行員進行戰法研究

炸。中方的轟-6 與哈軍的蘇-25、蘇-27 等二十餘架轟炸機、強擊機、殲擊機負責對「敵」淺近縱深的重要目標實施轟炸。

在這次演習中，中國空軍的戰機中空出航、低空突擊、高空返航，境內起飛、境外突擊、不著陸往返，橫跨兩國、兩個氣象區，投下的四十八枚炸彈全部命中目標，創造了異國陌生空域一次性進入、一次性搜索識別目標、一次性轟炸成功的佳績。

碰撞出來的火花

二〇〇九年三月，作為空軍最高學府的空軍指揮學院開始試行「中外合訓」，即中外學員同吃、同住、同學、同訓，開創了一種新的外訓模式。

開始合訓時，中方學員對於這些外國同學活躍的思維感到有些吃驚，「教員在上面講課，一段話還沒說完就有人站起來提問！」「而且經常會一個接著一個問題問，不得到滿意的答案絕對不肯放棄。」這讓他們感到有些突然。慢慢地，他們也接受了這種聽課方式，不懂的問題當場就問。發展到後來，經常是外國學員提出了問題，教員還沒來得及開口，就已經有中國學員躍躍欲試地想要回答了而外國學員對這些中國同學感到很「好奇」，從部隊的日常訓練到中國的傳統文化，總是有聊不完的話題。

合訓初期，所有人最擔心的就是語言溝通問題。「國家安全戰略」課，教員要求所有的學員都要作時長約十分鐘的主題發言。對中國學員的要求是最好用英語發言，如果覺得有困難也可以用中文，然後由翻譯譯成英文。在第一天的討論課上，中國空軍的兩名學員流利地用英文進行了主題發言，博得了全班同學熱情的掌聲。下課後，本來打算用中文發言的中國學員何文俊找到教員和翻譯，說他想「改改稿子」，第二天再發言。第二天早上，他眼睛紅紅的出現了，面對教員和同學們詢問的目光，他有些靦腆地說：「我也想用英文發言，昨天晚上連夜重新寫了英文稿。但是有好多詞拿不準，花了好幾個小時查字典……」第一次當著這麼多老外用英文作主題發言，何文俊還是有點緊張，但他還是十分認真地用不是特別流

中外學員在課間交流中

利的英語完成了題為「當代空軍在保衛國家安全中的作用」的主題發言。令他沒有想到的是，他講完後，全班響起了經久不息的掌聲，很多外軍學員熱情地衝他豎起了大拇指。課後，一名外軍學員特地找到何文俊，對他說：「我覺得你很棒，要知道，沒有人規定你一定要用英語發言。從你身上，我看到了中國軍人那種不服輸的韌勁兒！」

在聯合作業演習中，中外學員混編為四個作戰小組，展開了為期一個多月的紅藍雙方「背靠背」式分組演練。熟悉想定、標定地圖、分析情況、制定計劃，大家忙得不亦樂乎。最「熱鬧」的是紅 A 小組，這裡不僅有巴基斯坦、新加坡等以英語為官方語言的學員，也有一些慣用西班牙語、阿拉伯語的學員，還有朝鮮學員、中國學員。別看語言種類繁多，大

▲ 在空軍指揮學院學習的外軍學員

家溝通討論起來卻沒什麼障礙。經過一年的學習，朝鮮學員已經能用一些基本的漢語表達自己的想法，用他們自己的話說，是「夠用了」。中國學員把漢語翻譯成英語時，祖籍廣東的新加坡梁偉傑少校不時在旁邊幫幫忙，墨西哥學員再把英語翻譯成西班牙語說給其他學員。他們自己調侃道，「我們紅 A 組開個會，檔次絕對不比聯合國差。」本來專門指派的翻譯也成了「閒人」，他笑稱：「這樣下去我就要失業了！」

二〇〇九年十一月，中外學員一同在碻山訓練基地觀摩了「前鋒-2009」軍事演習。在提交的參觀報告中，外國學員寫道：「作為一個外國人，我十分榮幸能有機會觀摩這次演習，……我覺得這真正體現了中國軍隊的開放性」，「通過親身經歷這次演習，我認為中國軍隊確實是一支現代化的、紀律嚴明的隊伍」。

空軍指揮學院的中外合訓班只是全空軍對外軍事培訓工作的一個窗口，透過這個窗口，我們看到越來越多的外國軍官通過培訓，對中國、尤其是對中國人民空軍有了更客觀、更深刻的認識。

▌飛向更高遠的藍天

二〇〇九年十一月六日，為慶祝中國人民解放軍空軍成立六十週年，以「超越、展望、合作」為主題的「空軍和平與發展國際論壇」在北京隆重舉行。來自五大洲三十五個國家的空軍領導人和領導人代表應邀出席，這在世界空軍歷史上尚屬首次。在同時舉辦的「空軍武器裝備展」上，與會的空軍首腦與代表零距離接觸到中國空軍最新的武器裝備，交流各國空軍的理念與經驗。

中國國家主席、中央軍委主席胡錦濤會見了各國代表團團長，強調中國將繼續秉持和平、發展、合作的理念，堅持和平開發利用空天，積極參與國際空天安全合作，推動建設互利共贏、安全和諧的空天環境，促進人

▲ 外國空軍代表團觀看武器裝備靜態展示

類和平與發展的崇高事業。空軍司令員許其亮上將在會上作了《讓世界的藍天充滿和平與希望》的主旨發言，向世界傳遞出中國空軍友好、真誠、堅定、自信的聲音。

為鍛造與國際地位相稱，與維護國家安全和發展利益相適應，能夠有效應對多種安全威脅、完成多樣化軍事任務的現代化空軍，中國人民空軍正在由機械化向信息化轉型，由國土防空向攻防兼備轉型。

近年來，隨著中國國際地位日益突出，對外軍事關係全面發展。中國人民空軍建設進入轉型和跨越發展的關鍵時期後，對外軍事交往與合作的力度越來越大，在各國空軍中的影響與地位也不斷提高，已形成了全方位、寬領域、深層次的對外交往格局。

中國空軍以更加兼容與開放的姿態，敞開開放之門。通過不同的方式大力度、高效率地開展對外軍事交往與交流活動，讓越來越多的空軍官兵走出國門，走向世界，開闊了視野，增長了知識，同時也與異國軍人建立了友誼，加深了了解。通過對外交流，中國空軍得以大量借鑑外軍經驗，不斷推進軍事準備和空軍現代化建設水平。同時，也增進了中國人民空軍與世界各國空軍的友好合作關係，拓寬了中外空軍院校、專業級別、中低層次務實交流的領域，展示了中國人民解放軍威武之師、文明之師的良好形象，傳遞了人民解放軍熱愛和平、捍衛和平的理念，有力地將中國人民空軍的影響力播向五湖四海。

慶祝中國人民解放軍空軍成立 60 週年空軍和平與發展國際論壇會議現場

參考書目

1. 《當代中國》叢書編輯部,《當代中國空軍》,中國社會科學出版社,1989 年 10 月

2. 丁一平等,《空軍大辭典》,上海辭書出版社,1996 年 9 月

3. 郭凱、賴皇城、王成龍,《藍天迎來第八批女飛行員》,《解放軍生活》,2008 年 2 期

4. 華強、希紀榮、孟慶龍,《中國空軍百年史》,上海人民出版社,2006 年

5. 李國文、劉轉林,《攻防兼備翱翔藍天——空軍成立六十年建設發展成就巡禮》,《光明日報》,2009 年 11 月 01 日

6. 李國文、劉轉林等,《御風翱翔:新中國空軍 60 年》,《中國軍隊》,2009 年 4 期

7. 林虎,《保衛祖國領空的戰鬥——新中國二十年國土防空作戰回顧》,解放軍出版社,2002 年 1 月

8. 劉慶學、楊春源,《人民空軍新一代主戰裝備大掃瞄》,《解放軍報》,2009 年 11 月 09 日

9. 劉天增等,《國家天空》,人民日報出版社,2010 年

10. 羅胸懷，《中國空軍紀事》，中央編譯出版社，2006 年

11. 彭東海，《災禍大營救》，中共中央黨校出版，1996 年 1 月

12. 王海，《王海上將——我的戰鬥生涯》，中央文獻出版社，2000 年

13. 希紀榮、孟慶龍，《中國空軍百年史》，上海人民出版社，2006 年

14. 蕭邦振，《人民空軍第一位女飛行員師長》，《環球飛行》，2008 年

15. 蕭邦振等，《飛上天的花——尋訪空軍女飛行員》，解放軍出版社，2009 年 9 月

16. 許毅，《國家使命：空軍參加搶險救災紀實》，《航空知識》，2009 年 9 期

17. 楊春源、朱漢東，《中國空軍裝備發展歷程》，《中國軍隊》，2009 年 4 期

18. 楊萬青、齊春元，《劉亞樓將軍傳》，中共黨史出版社，1995 年

19. 張博，《女飛行員日子》，《環球飛行》，2009 年

20. 《中國空軍》，2009 年-2011 年

21. 中國空軍百科全書編審委員會，《中國空軍百科全書》，航空工業出版社，2005 年 11 月

新社會主義研究叢刊 AA201010

中國人民解放軍・空軍

編　　者	盧小萍 等
責任編輯	陳胤慧
版權策畫	李煥芹

發 行 人	陳滿銘
總 經 理	梁錦興
總 編 輯	陳滿銘
副總編輯	張晏瑞
編 輯 所	萬卷樓圖書股份有限公司
排　　版	菩薩蠻數位文化有限公司
印　　刷	維中科技有限公司
封面設計	菩薩蠻數位文化有限公司

出　　版	昌明文化有限公司

桃園市龜山區中原街 32 號

電話 (02)23216565

發　　行	萬卷樓圖書股份有限公司

臺北市羅斯福路二段 41 號 6 樓之 3

電話 (02)23216565

傳真 (02)23218698

電郵 SERVICE@WANJUAN.COM.TW

大陸經銷　廈門外圖臺灣書店有限公司

電郵 JKB188@188.COM

ISBN 978-986-496-409-3

2019 年 3 月初版

定價：新臺幣 360 元

如何購買本書：

1. 轉帳購書，請透過以下帳戶
   合作金庫銀行 古亭分行
   戶名：萬卷樓圖書股份有限公司
   帳號：0877717092596

2. 網路購書，請透過萬卷樓網站
   網址 WWW.WANJUAN.COM.TW

大量購書，請直接聯繫我們，將有專人為您
服務。客服：(02)23216565 分機 610

如有缺頁、破損或裝訂錯誤，請寄回更換

國家圖書館出版品預行編目資料

中國人民解放軍・空軍 / 盧小萍等編著.-- 初
版.-- 桃園市：昌明文化出版；臺北市：萬
卷樓發行, 2019.03
　面；　公分
ISBN 978-986-496-409-3(平裝)

1.空軍 2.人民解放軍

598.92　　　　　　　　　　108002897